Training Note
トレーニングノートα 物理

JN112323

はじめに

21 世紀はまさに，みなさんが切り開いていく時代です。20 世紀に科学技術は飛躍的に進歩し，便利で豊かな生活を実現したかにみえましたが，SDGs にみられるようにグローバルに展開する諸課題が顕在化してきています。是非みなさんが，物理学を学ぶことで，地球環境問題の解決や防災都市設計，新エネルギーの開発などによって，人類に明るい未来を実現してほしいと願うところです。

物理で学ぶことは，日常で生じる現象と深く結びついています。**実験・観察を通して，原理や法則を理解するとともに，実験結果を物理学的に考察する**探究的学習を行うことで，日常での現象と，深く強く，いきいきとつながっていきます。本書を通して，物理の学びを探究していきましょう。

編著者　東京理科大学教授　川村　康文

本書の特色

- 物理の学習内容を，要点を絞って掲載しています。
- 1 単元を 2 ページで構成しています。単元のはじめには，問題を解く上での重要事項を POINTS として解説しています。
- 1 問目は，図や表などを用いた空所補充問題です。単元内容を確認しましょう。

目次

第 1 章　力と運動
❶ 平面の運動……2
❷ 落体の運動……4
❸ 剛体にはたらく力……6
❹ 運動量……8
❺ 等速円運動……10
❻ 慣性力……12
❼ 遠心力……14
❽ 単振動……16
❾ 万有引力……18

第 2 章　熱とエネルギー
❿ 気体の法則……20
⓫ 気体分子の運動……22
⓬ 気体の状態変化……24
⓭ モル比熱，熱効率……26

第 3 章　波
⓮ 波の表し方……28
⓯ 波の伝わり方……30
⓰ 音の伝わり方……32
⓱ 音のドップラー効果……34
⓲ 光の伝わり方……36
⓳ 光の干渉と回折……38

第 4 章　電気と磁気
⓴ 静電気……40
㉑ 電場と電位……42
㉒ 物質と電場・コンデンサー……44
㉓ 直流回路……46
㉔ 半導体……48
㉕ 磁　場……50
㉖ 電流が磁場から受ける力……52
㉗ 電磁誘導の法則……54
㉘ 交　流……56
㉙ 交流回路……58
㉚ 電気振動と電磁波……60

第 5 章　原　子
㉛ 電　子……62
㉜ 光の粒子性……64
㉝ X　線……66
㉞ 粒子の波動性……68
㉟ 原子の構造とエネルギー準位……70
㊱ 原子核……72
㊲ 放射線とその性質……74
㊳ 核反応と核エネルギー……76
㊴ 素粒子……78

1 平面の運動

解答▸別冊P.1

POINTS

1 平面の速度

① **変位**…時刻 t_1 で位置 x_1 にある質点が，時刻 t_2 に位置 x_2 へ移動したとする。このとき，位置ベクトルは $\vec{x}_1$ から $\vec{x}_2$ に変化するので，変位ベクトル $\Delta\vec{x}$ は，$\vec{x}_2=\vec{x}_1+\Delta\vec{x}$ より，$\Delta\vec{x}=\vec{x}_2-\vec{x}_1$

② **速度**…時刻 t_1 で位置 x_1 にある質点が，時刻 t_2 に位置 x_2 へ移動したときの平均の速度 $\vec{v}$ は，

$$\vec{v}=\frac{\Delta\vec{x}}{\Delta t}=\frac{\vec{x}_2-\vec{x}_1}{t_2-t_1}$$

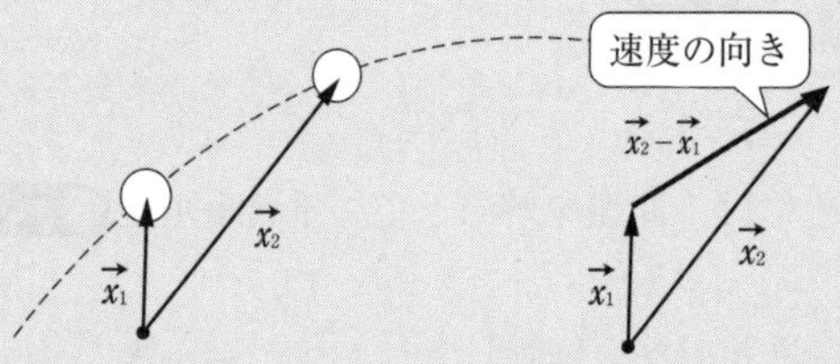

2 平面の加速度

平面の加速度……時刻 t_1 に $\vec{v}_1$ だった速度が時刻 t_2 に $\vec{v}_2$ になった。

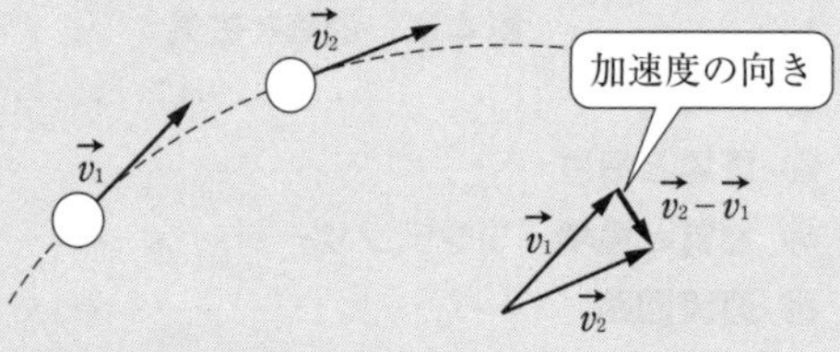

このとき，$\Delta\vec{v}=\vec{v}_2-\vec{v}_1$ なので，平均の加速度 $\vec{a}$ は，

$$\vec{a}=\frac{\Delta\vec{v}}{\Delta t}=\frac{\vec{v}_2-\vec{v}_1}{t_2-t_1}$$

3 平面の相対速度

平面の相対速度……A に対する B の相対速度（A から見た B の速度ともいう）は，A の速度 $\vec{v}_A$ と B の速度 $\vec{v}_B$ から，次のように表すことができる。

$\vec{v}_{AB}=\vec{v}_B-\vec{v}_A$

① **始点が一致している場合**

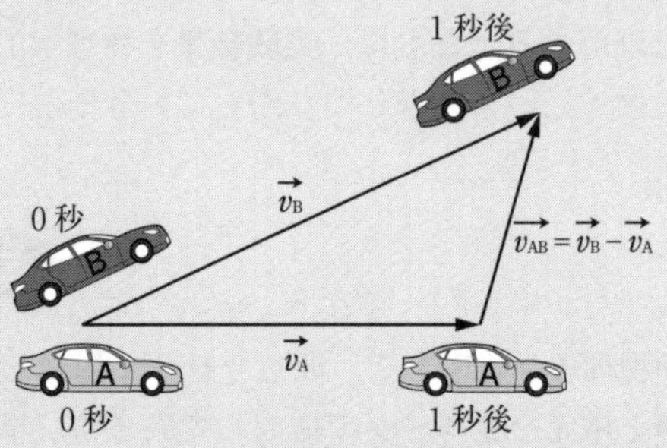

② **始点が一致していない場合**

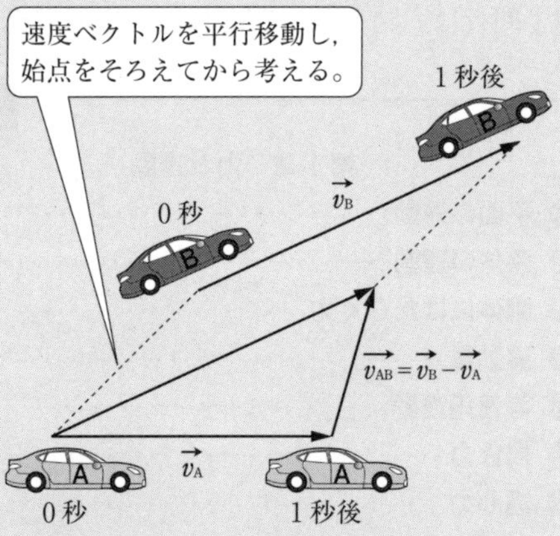

□ **1** 図中の□に適当な式を記入しなさい。

Δt 秒間に，位置 x_1 から x_2 に移動した。

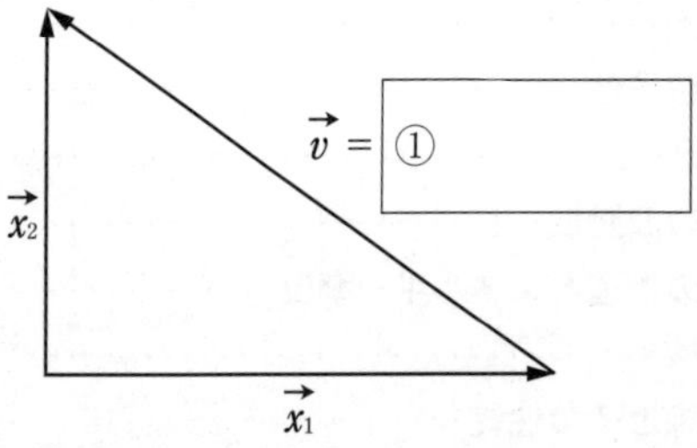

Δt 秒間に，速度が $\vec{v}_1$ から $\vec{v}_2$ に変化した。

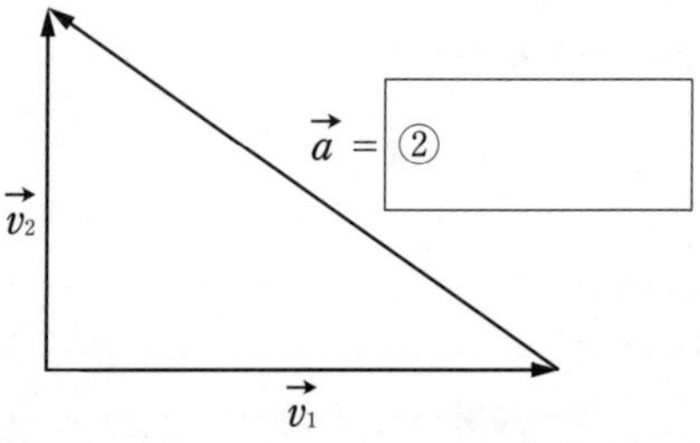

□ **2** 川幅が72 mで，川上から川下に向かって流速が3.0 m/sの川がある。静水において速さ5.0 m/sの船がこの川を進むとき，次の各問いに答えなさい。

(1) 船が川の流れに対して平行に72 m往復するのにかかる時間を求めなさい。

(　　　　　)

(2) 船が川の流れに対して直角に72 m往復するのにかかる時間を求めなさい。

(　　　　　)

(3) (2)の船に対する川を流れる木片の速さは何 m/sになるか求めなさい。

(　　　　　)

Check

2 平面の速度は，ベクトルの和や差で考える。
(2)・(3)次の三平方の定理を使って考える。

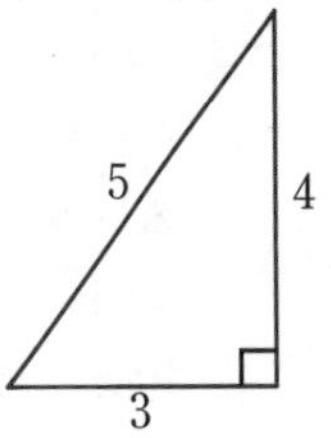

□ **3** 自動車が速さ25 km/hでまっすぐ走っているとき，自動車の窓に雨の跡が鉛直方向から45°傾いてついた。地面に対する雨粒の落下する速さは何 km/hになるか求めなさい。ただし，雨は鉛直に降っているとする。

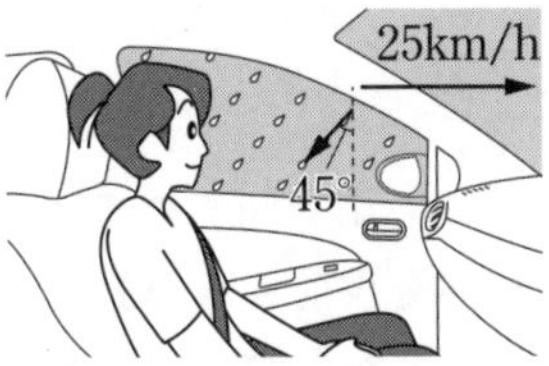

(　　　　　)

3 次の三平方の定理を使って考える。

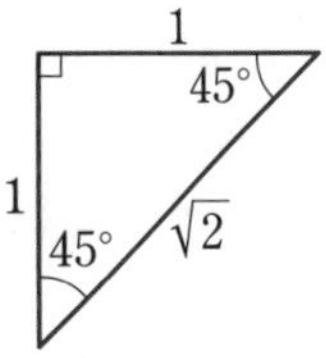

□ **4** 原点O(0, 0)から，自動車Aはx軸上を正の向きに速度4.0 m/sで，自動車Bはy軸上を負の向きに速度3.0 m/sで同時に走りだした。次の各問いに答えなさい。

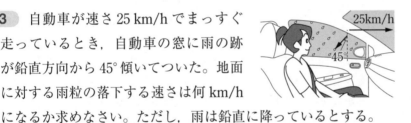

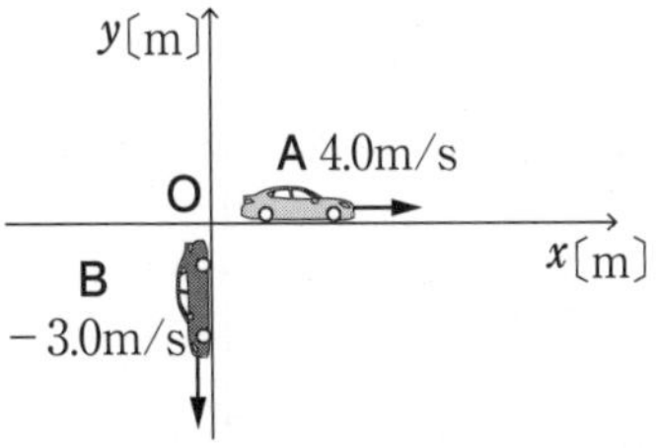

(1) 3秒後の，自動車Aから見た自動車Bの位置$(x,\ y)$を求めなさい。

(　　　　　)

(2) 5秒後の，自動車Bから見た自動車Aの位置$(x,\ y)$を求めなさい。

(　　　　　)

4 Aの位置が$(x_A,\ y_A)$，Bの位置が$(x_B,\ y_B)$のとき，Aから見たBの位置は，$(x_B-x_A,\ y_B-y_A)$となる。

② 落体の運動

解答▸別冊P.1

POINTS

1 水平投射……水平方向に初速度 $\vec{v_0}$〔m/s〕を与え，物体を投射する運動。水平方向には速度 v_0〔m/s〕の等速度運動，鉛直方向には重力の作用により加速度が $\vec{g}$〔m/s^2〕の自由落下と同じ運動をする。

① **水平方向**

$v_x = v_0 \qquad x = v_0t$

② **鉛直方向**

$v_y = gt \qquad y = \frac{1}{2}gt^2$

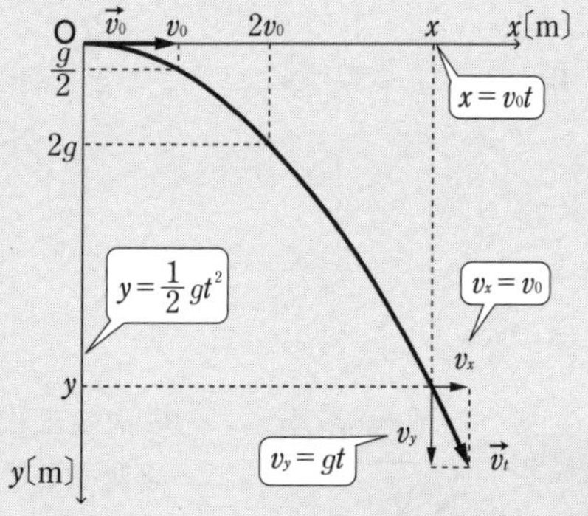

2 斜方投射……水平方向から斜め向きに初速度 $\vec{v_0}$〔m/s〕を与え，物体を投射する運動。水平面と投射物体の初速度がなす角度を**仰角**という。水平方向には等速度運動，鉛直方向には鉛直投げ上げと同じ運動をする。

① **水平方向**

$v_x = v_0\cos\theta \qquad x = v_0\cos\theta \cdot t$

② **鉛直方向**

$v_y = v_0\sin\theta - gt \qquad y = v_0\sin\theta \cdot t - \frac{1}{2}gt^2$

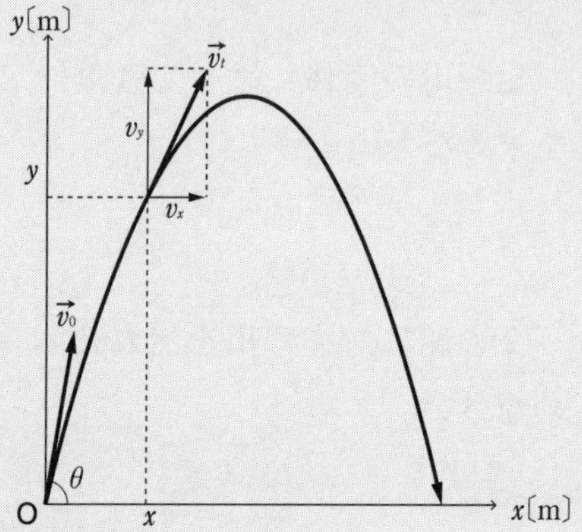

3 終端速度……速さ v〔m/s〕で落下する質量 m〔kg〕の物体に空気抵抗がはたらく場合，鉛直下向きを正として物体の加速度の大きさを a〔m/s^2〕，重力加速度の大きさを g〔m/s^2〕とすると，物体の運動方程式は，

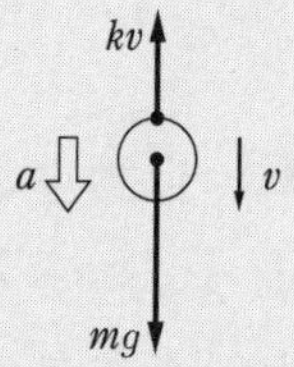

$ma = mg - kv$（k は比例定数）

空気抵抗と重力がつり合うとき $a=0$ となり，このときの速度を**終端速度**という。

□ **1** 物体に初速度 $\vec{v_0}$ を水平方向に与えたとき，水平投射運動をする物体について，図中の□に適当な式を記入し，③に運動する物体の軌跡を表すグラフをかきなさい。ただし，重力加速度の大きさを g とする。

③

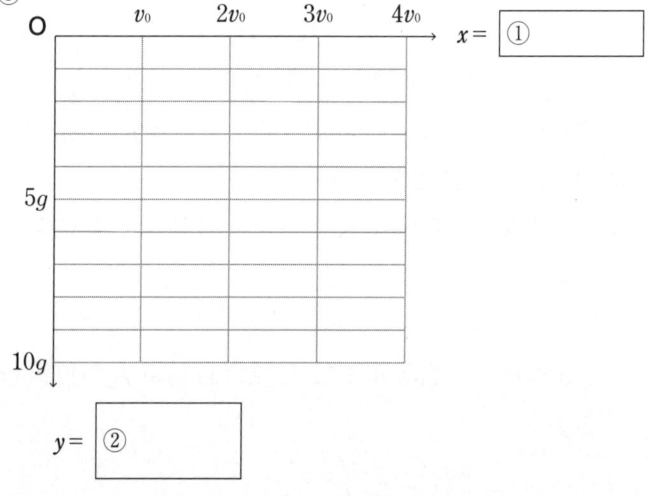

□ **2** 十分な高度から仰角θの向きに，速さv_0で物体を投げた。斜方投射運動をする物体の軌跡を表すグラフをかきなさい。ただし，重力加速度の大きさをgとし，$v_0\sin\theta=3g$，$v_0\cos\theta=a$とする。

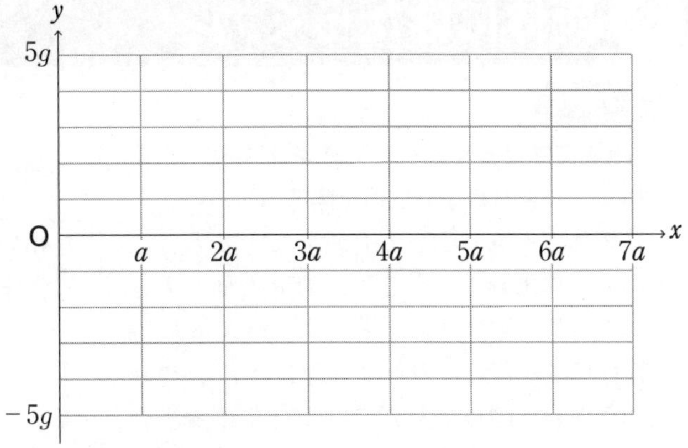

□ **3** 物体を地面から仰角θの向きに，速さv_0で投げた。重力加速度の大きさをgとして，次の各問いに答えなさい。

(1) 物体の最高点での速さvを求めなさい。

( )

(2) 物体が最高点に達するまでに要する時間t_1を求めなさい。

( )

(3) (2)のときの物体の水平到達距離x_1を求めなさい。

( )

(4) 物体が地面に落下するまでに要する時間t_2を求めなさい。

( )

(5) (4)のときの物体の水平到達距離x_2を求めなさい。

( )

(6) 物体の水平到達距離が最大となるときの仰角と水平到達距離x_{max}を求めなさい。

仰角( ) x_{max}( )

(7) 投射点の高度がhのときの水平到達距離x_hを求めなさい。

( )

Check

3 (4)斜方投射では，最高点を通る鉛直線を軸とする線対称な運動をしているので，$t_2=2t_1$，$x_2=2x_1$となる。

(6)2倍角の公式より，$2\sin\theta\cos\theta=\sin2\theta$となる。

(7)地面の高度は$-h$となる。
また，$ax^2+bx+c=0$の解は，次のようになる。
$$x=\frac{-b\pm\sqrt{b^2-4ac}}{2a}$$

3 剛体にはたらく力

解答▸別冊P.2

POINTS

1 剛体にはたらく力……大きさがあり，力を加えても変形しない物体を**剛体**という。

剛体の点Aに力Fが作用しているとき，力Fの作用線上の点Bに，力Fと同じ大きさで同じ向きの力Kと逆向きの力K'を同時に作用させる。このとき，力FとK'はつり合うので，剛体に力Kのみが作用する場合と同じであると考えられる。つまり，力Fを作用線上で移動させても，その効果は変わらない。

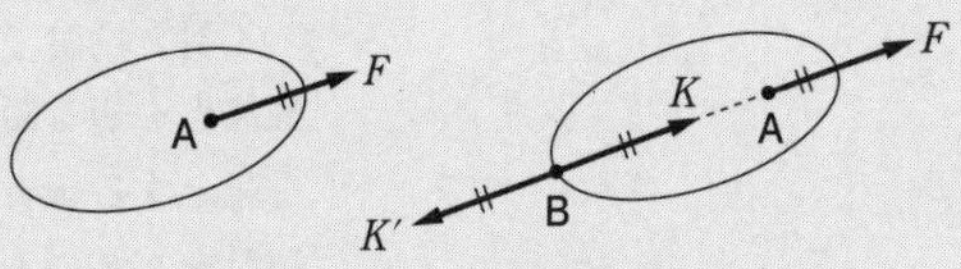

2 力のモーメント……点Oを支点とするてんびんが静止しているとき，$L_1F_1=L_2F_2$が成り立つ。

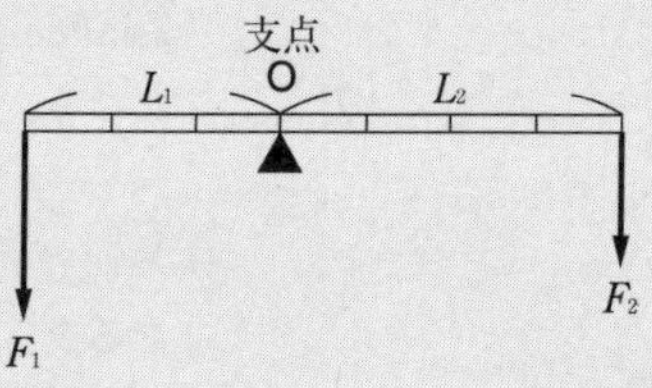

このてんびんから力F_2を取り除くと，てんびんは回転運動を始める。また，F_1やL_1を大きくすると，てんびんを回転させようとする作用が大きくなる。このように，点Oのまわりに物体を回転させようとするはたらきを**力のモーメント**という。力のモーメントM〔N･m〕は，力Fとうでの長さLを用いて，$M=FL$と表される。

また，下の図のような場合，力のモーメントは$M=FL\sin\theta$と考えることができる。

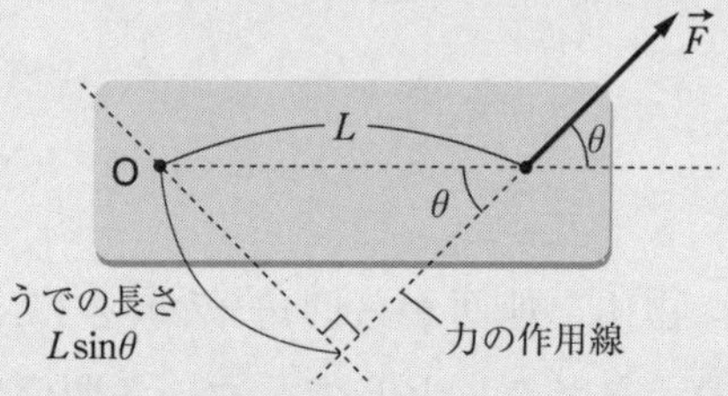

3 偶力……1つの物体にはたらく，同一直線上にはない，平行で大きさが等しく逆向きの2力の組を**偶力**という。この2力の合力は0となるが，任意の点Oのまわりの力のモーメントの和は$M=Fd$となり0ではないので，偶力には物体を回転させるはたらきがある。このとき，偶力のモーメントは点Oの位置に関係なく一定となる。

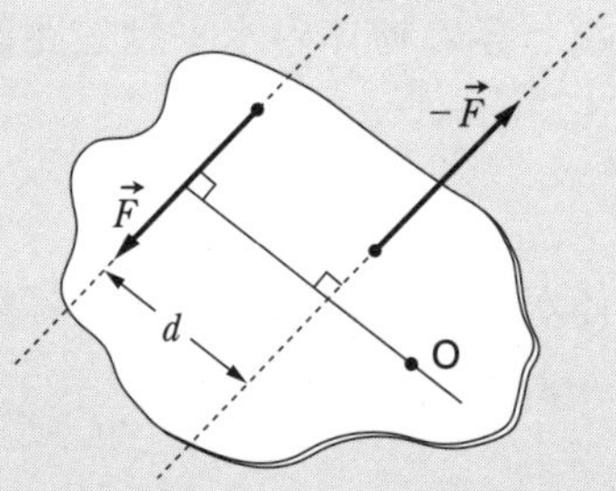

□ **1** 図中の□に適当な式を記入し，③には平行な2力(F_1，F_2)の合力をかきなさい。

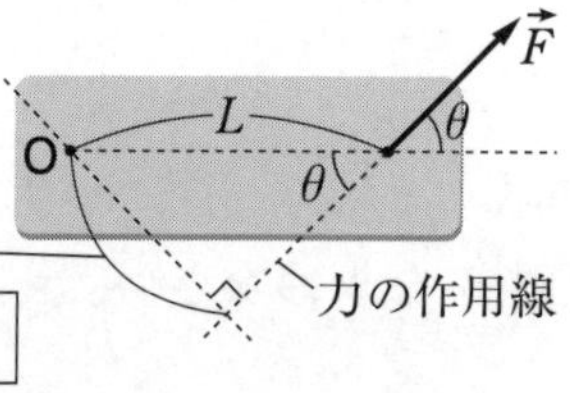

うでの長さ = ①

点Oのまわりの力のモーメント = ②

③

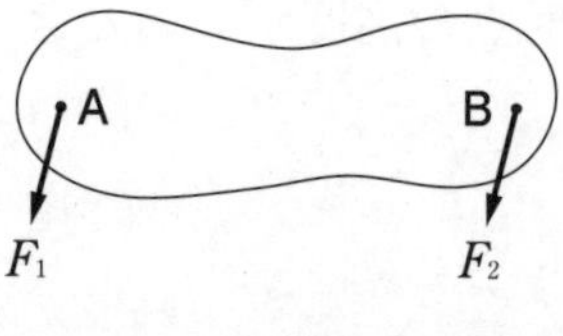

□ **2** 右図のように，質量を無視できる剛体の点 A に質量 m_1，点 B に質量 m_2 のおもりをつける。直線 AB に沿って x 軸をとり，重力加速度の大きさを g として，次の各問いに答えなさい。

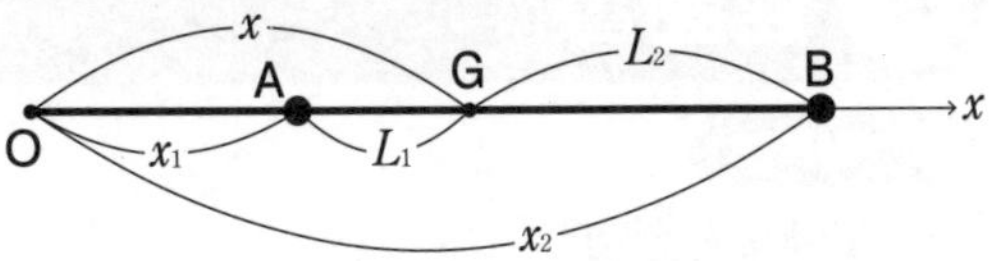

(1) 点 G で全体を支えると静止した。点 G の名称を答えなさい。

( )

(2) 点 G のまわりの力のモーメントのつり合いの式を L_1，L_2 を用いて書きなさい。

( )

(3) $L_1 = x - x_1$ かつ $L_2 = x_2 - x$ とするとき，点 G の位置 x を，x_1，x_2，m_1，m_2 を用いて求めなさい。

( )

(4) x_1，x_2，…，x_n の位置に，それぞれの質量が m_1，m_2，…，m_n のおもりをつけるとき，点 G の位置 x を求めなさい。

( )

Check

確認

剛体のつり合い

剛体がつり合うとき，力の和が 0，力のモーメントの和が 0 の両方が成り立つ。

□ **3** 右図のように質量 m で直方体の剛体に張力 T をゆっくり加える。重力加速度の大きさを g，直方体と床の間の静止摩擦係数を μ_0 として，次の各問いに答えなさい。

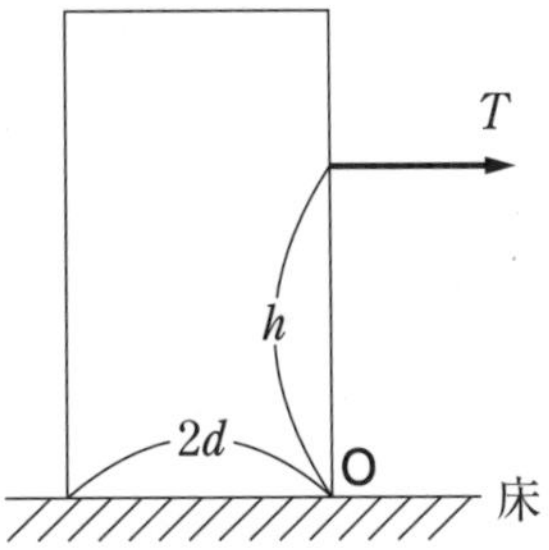

(1) 剛体が倒れずに滑り出すとき，その直前の張力 T の大きさを求めなさい。

( )

(2) 剛体が滑り出さずに倒れるとき，その直前の張力 T の大きさを求めなさい。

( )

(3) 剛体が滑り出さずに倒れるときの μ_0 の条件を求めなさい。

( )

↳ **3** 転倒直前では，垂直抗力の作用点は点 O と一致する。

4 運動量

解答▸別冊P.2

POINTS

1 運動量と力積……速度 v で動いている質量 m のボールを，速度と同じ向きにラケットで打つと，ボールの速度は v' に変化した。このとき，ラケットとボールの接触時間を Δt とすると，平均の加速度 a は，$a=\dfrac{v'-v}{\Delta t}$ である。ボールは一定の大きさの力 F を受け続けたとすると，運動方程式は $ma=m\dfrac{v'-v}{\Delta t}=F$ なので，

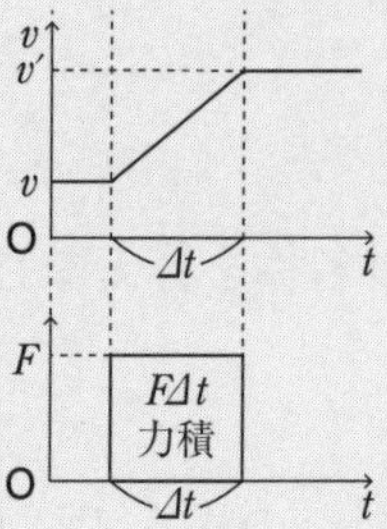

$mv'-mv=F\Delta t$

速度 v と力 F の向きが異なる場合は，ベクトルで考えて，$m\vec{v'}-m\vec{v}=\vec{F}\Delta t$ となる。このとき，$m\vec{v}$〔kg･m/s〕を**運動量**，$\vec{F}\Delta t$〔N･s〕を**力積**といい，**運動量の変化は受けた力積に等しい**ことがわかる。

2 運動量保存則

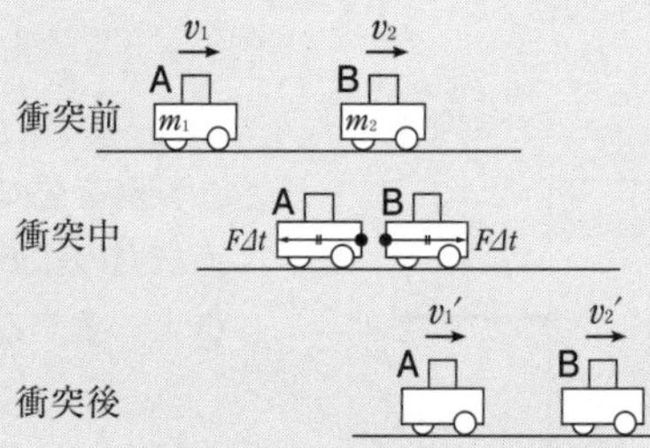

一直線上で2つの物体が衝突するとき，質量 m_1，速度 v_1 の物体Aが質量 m_2，速度 v_2 の物体Bにおよぼす力を F とすると，物体Bは物体Aに反作用として $-F$ の力をおよぼす。また，物体A，Bについて運動量の変化と力積の関係は，次のようになる。

物体A：$m_1v_1'-m_1v_1=-F\Delta t$

物体B：$m_2v_2'-m_2v_2=F\Delta t$

$F\Delta t$ を消去して整理すると，

$m_1v_1+m_2v_2=m_1v_1'+m_2v_2'$

よって，外力がはたらかないとき，**2つの物体の運動量の和は，衝突の前後で保存され**，これを**運動量保存則**という。

直線上でない斜め方向の衝突の場合は，ベクトルで考えて，$m_1\vec{v_1}+m_2\vec{v_2}=m_1\vec{v_1'}+m_2\vec{v_2'}$ となる。

3 反発係数……物体が衝突したとき，衝突前後の速さの比 $e(0\leqq e\leqq 1)$ を**反発係数**という。$e=1$ の衝突を**弾性衝突**，$0\leqq e<1$ の衝突を**非弾性衝突**といい，特に，$e=0$ の衝突を**完全非弾性衝突**という。2で物体A，Bが衝突した場合で考えると，次のようになる。

$$e=\frac{遠ざかる速さ}{近づく速さ}=-\frac{v_1'-v_2'}{v_1-v_2}$$

□ **1** ピッチャーが，0.15 kg の野球の硬球を 144 km/h で投げたとき，ピッチャーが投げる向きを正として，図中の□に適当な数値を記入しなさい。

キャッチャーがミットを動かさずにボールを受けるときの力積

= ① N･s

バッターがピッチャーに向かって144km/hの打球を打ち返したときの力積

= ② N･s

②で，ボールとバットが接触している時間を0.010sとしたときの，ボールがバットにおよぼす力の大きさ

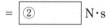

= ③ N

□ **2** なめらかで水平な xy 平面上に，質量 m の物体A，Bがある。原点Oで静止している物体Bに速さ v の物体Aが衝突した後，物体A，Bは右図のような運動をした。衝突後の物体A，Bの速さ v_A，v_B を求めなさい。

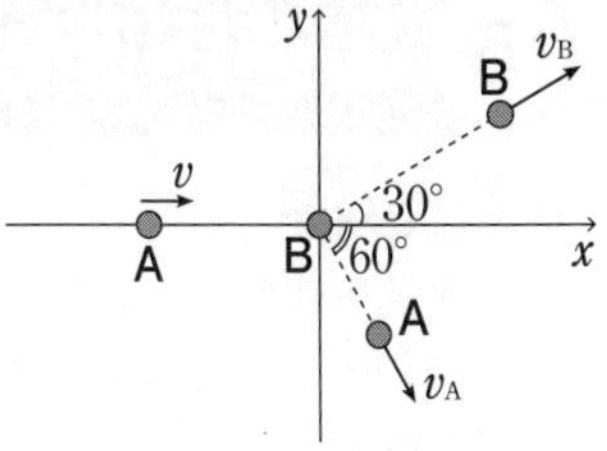

v_A（　　　　　）　v_B（　　　　　）

□ **3** 質量 m，速さ v の飛行機が，質量 M，速さ V_0（$v>V_0$）の大きな船に着艦した。飛行機と船の間の動摩擦係数を μ，重力加速度の大きさを g として，次の各問いに答えなさい。ただし，飛行機と船は同じ向きに進み，飛行機の大きさは考えなくてよいとする。

(1) 飛行機が着艦して静止したときの，船の速さを求めなさい。

（　　　　　　　）

(2) 飛行機が着艦するのに必要な滑走路の長さを求めなさい。

（　　　　　　　）

Check

↳ **3** 飛行機が船の上で静止しているとき，飛行機と船は同じ速さで進む。

□ **4** ボールから静かに手をはなして床の上に落下させると，はね返る高さが徐々に低くなり，やがて床の上に静止する。ボールの質量を m，手を離す高さを h_0，反発係数を e（$0<e<1$），重力加速度の大きさを g として，次の各問いに答えなさい。

(1) 高さ h_0 から落下して床に到達するまでの時間 t_0 を求めなさい。

（　　　　　　　）

(2) 初めて床に衝突する直前の小球の速さ v_0 を求めなさい。

（　　　　　　　）

(3) 初めて床に衝突した直後の小球の速さ v_1 を求めなさい。

（　　　　　　　）

(4) 初めて床に衝突した後，最高点に達するまでの時間 t_1 を求めなさい。

（　　　　　　　）

(5) (4)の最高点の高さ h_1 を求めなさい。

（　　　　　　　）

(6) (4)の最高点からボールが落下して再び床に衝突するまでの時間 t_2 を求めなさい。

（　　　　　　　）

↳ **4** 反発係数が，（$0<e<1$）の衝突では，近づく速さよりも遠ざかる速さのほうが小さくなる。

5 等速円運動

解答▸別冊P.3

POINTS

1 等速円運動……物体が一定の速さで円周上を移動する運動を**等速円運動**という。

① **速度の大きさ**…半径 r〔m〕の円 O において，中心角 θ〔rad〕の円弧 AB の長さ $x(=r\theta)$ を時間 t〔s〕の間に移動したとすると，物体の速さ v〔m/s〕は，$v=\dfrac{x}{t}=r\dfrac{\theta}{t}$ となる。$\dfrac{\theta}{t}$ は，1 秒間に回転した角で，これを**角速度**（記号 ω）という。

よって，$v=r\omega$ となる。

② **速度の向き**…円運動する物体の速度の向きは円の**接線方向**になるので，常に変化している。

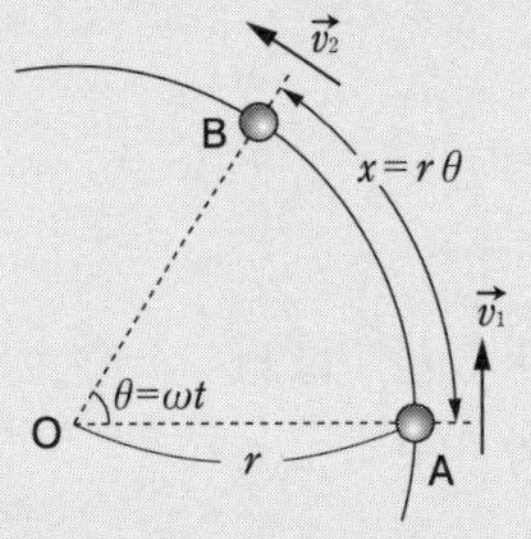

③ **加速度**…等速円運動は，速度の向きが変化しているので加速度運動である。Δt の間に速度が $\vec{v_1}$ から $\vec{v_2}$ に変化したとき，平均の加速度 $\vec{a}$ は，

$$\vec{a}=\frac{\vec{v_2}-\vec{v_1}}{\Delta t}=\frac{\Delta\vec{v}}{\Delta t}$$

$\vec{a}$ の向きは $\Delta\vec{v}$ の向きと等しい。Δt が十分小さいとき，$\Delta v \fallingdotseq v\omega\Delta t$ より，

$$a=\frac{\Delta v}{\Delta t}\fallingdotseq v\omega=r\omega^2$$

また，Δt が十分小さいとき，$\Delta\vec{v}$ の向きは $\vec{v_1}$，$\vec{v_2}$ と垂直，つまり**円の中心を向く**。このように円の中心を向く加速度を**向心加速度**という。

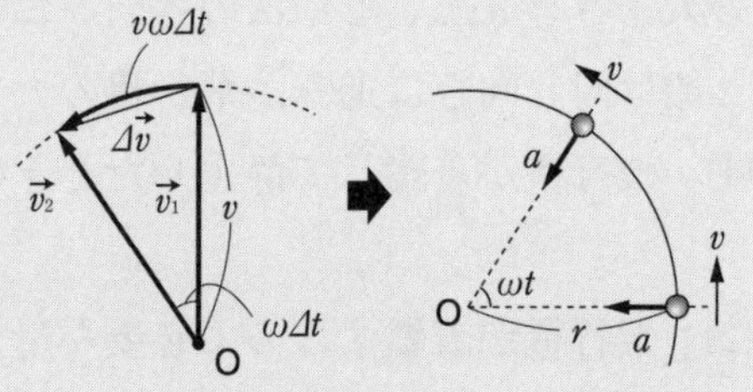

2 向心力……等速円運動をする物体にはたらく力の合力は，円の中心向きに加速度を生じさせる力であり，これを**向心力**という。物体の質量が m〔kg〕の場合，物体にはたらく向心力の大きさ F〔N〕は，

$$F=ma=mr\omega^2=m\frac{v^2}{r}$$

向心力の向きは常に物体の運動方向に垂直なので，物体に対して仕事をしない。

□ **1** 物体が等速円運動をしているとき，図中の□に適当な式を記入しなさい。

1 周するのに要する時間

周期 T= ①

物体の速さ

= ③

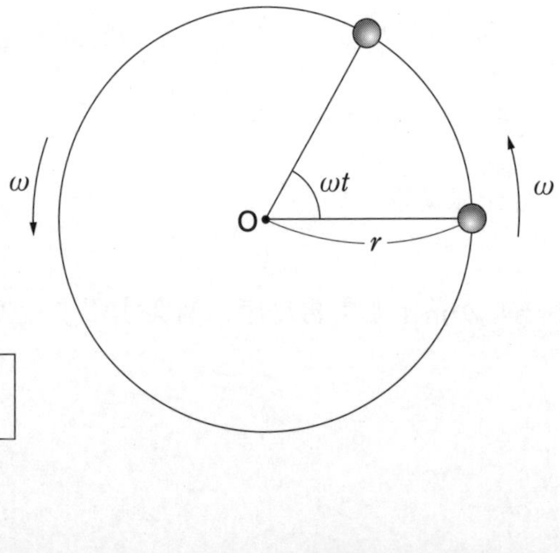

単位時間あたりに円周を回転する回数

回転数 f= ②

物体の加速度の大きさ

= ④

□ **2** 糸に質量 m のおもりをつけて水平面内で半径 r，周期 T の等速円運動をさせる。次の各問いに答えなさい。

(1) 糸の張力 S を求めなさい。

(　　　　　　　　)

(2) おもりの速さを求めなさい。

(　　　　　　　　)

□ **3** 質量 60 kg の人がいる。そのうち，頭部の質量を 5.0 kg とする。電車で大きな円弧を移動する場合と，F 1 マシンで小さな円弧を移動する場合について，次の各問いに答えなさい。ただし，重力加速度の大きさを 9.8 m/s^2 とし，首から下は電車や F 1 マシンに固定されているとする。

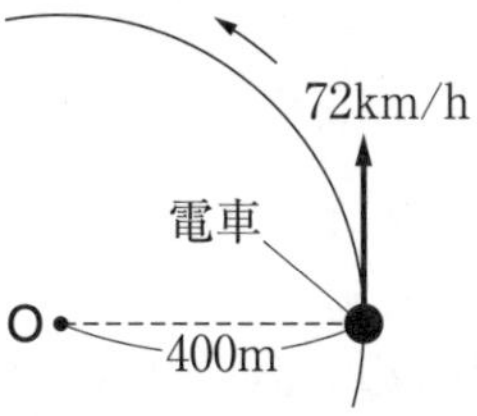

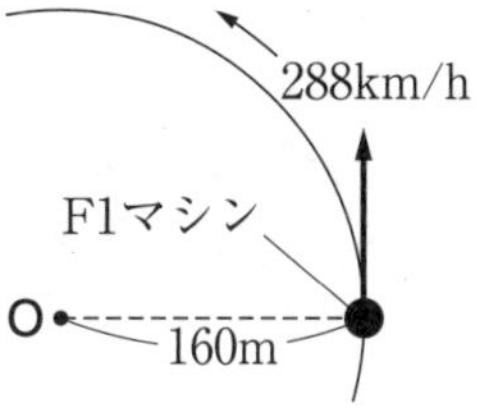

(1) 電車で半径 400 m の円弧を 72 km/h で進む場合，首にかかる力を求めなさい。

(　　　　　　　　)

(2) F 1 マシンで半径 160 m の円弧を 288 km/h で進む場合，首にかかる力は(1)の何倍か，求めなさい。

(　　　　　　　　)

(3) (2)のとき，首にかかる加速度の大きさは重力加速度の大きさの何倍か，求めなさい。

(　　　　　　　　)

□ **4** 人工衛星が地表面すれすれを回るときの速さ v を求めなさい。ただし，地球の半径を 6.4×10^6 m，地表での重力加速度の大きさを 9.8 m/s^2，空気抵抗は無視できるものとし，$\sqrt{2}=1.41$ とする。

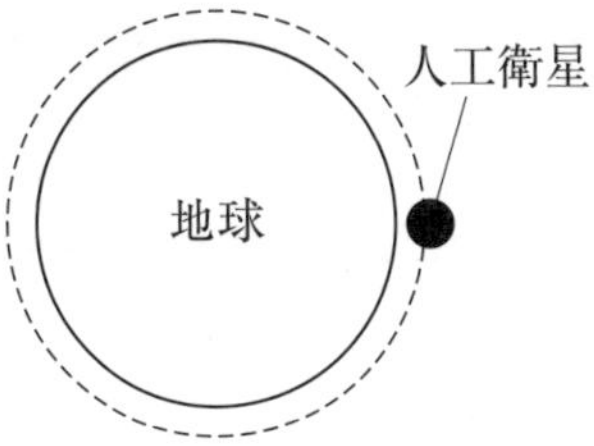

(　　　　　　　　)

Check

2 角速度は次の式で求められる。
$$\omega=\frac{2\pi}{T}$$

3 向心力の大きさ F は次の式で求められる。
$$F=ma=m\frac{v^2}{r}$$

4 人工衛星は等速円運動をしている。その向心力は重力である。

6 慣性力

解答▸別冊P.4

POINTS

1 慣性系……静止，または等速直線運動をしている観測者のように**慣性の法則**が成り立つ座標系を**慣性系**という。

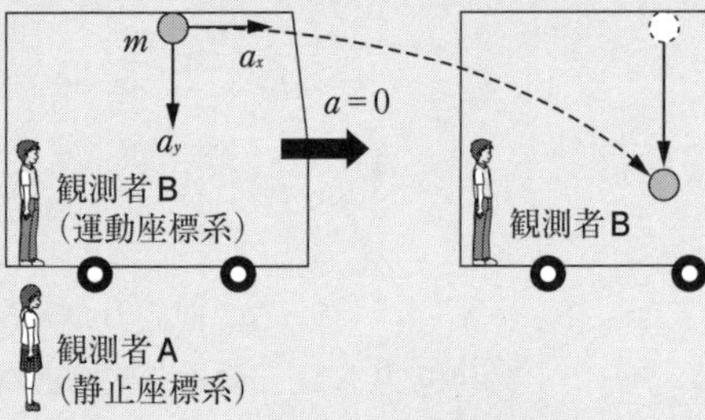

① 静止している観測者A(慣性系)から見ると，物体は水平投射運動をしている。このとき，運動方程式の x 成分，y 成分は次のようになる。

x 成分：$ma_x=0$

y 成分：$ma_y=mg$

② 等速直線運動をしている観測者B(慣性系)から見ると，物体は自由落下運動をしている。このとき，運動方程式の x 成分，y 成分は次のようになる。

x 成分：$ma_x=0$

y 成分：$ma_y=mg$

このように，**慣性系では実在の力のみで運動方程式が成り立つ**。地面は通常は慣性系として扱ってよい。

2 非慣性系……加速度運動をしている観測者のように慣性の法則が成り立たない座標系を**非慣性系**という。非慣性系では，**見かけの力**である**慣性力**を考える必要がある。

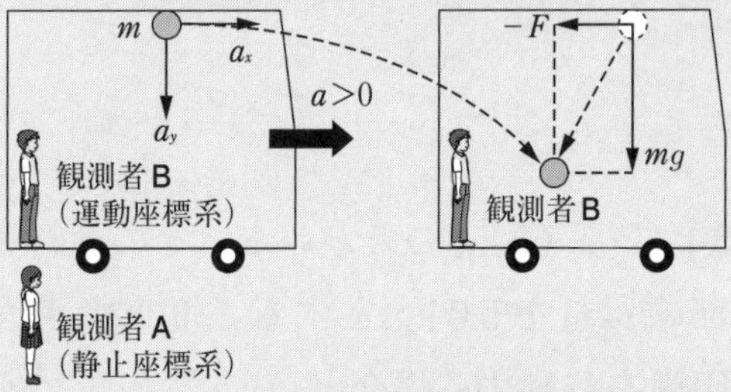

① 静止している観測者A(慣性系)から見ると，物体は水平投射運動をしている。このとき，運動方程式の x 成分，y 成分は次のようになる。

x 成分：$ma_x=0$

y 成分：$ma_y=mg$

② 加速度運動をしている観測者B(非慣性系)から見ると，物体は斜め方向の落下運動をしている。このとき，運動方程式の x 成分，y 成分は次のようになる。

x 成分：$ma_x=-F$

y 成分：$ma_y=mg$

このように，非慣性系では $\vec{F}=-m\vec{a}$ の**慣性力がはたらいているとすることで運動方程式を考えることができる**。

□ **1** 右向きに正の加速度 a で加速する電車がある。天井から糸でつり下げられた質量 m の物体について車内で静止している人が観測するとき，図中の□に適当な式や言葉を記入しなさい。ただし，重力加速度の大きさを g とする。

物体にはたらく重力の大きさ＝ ①

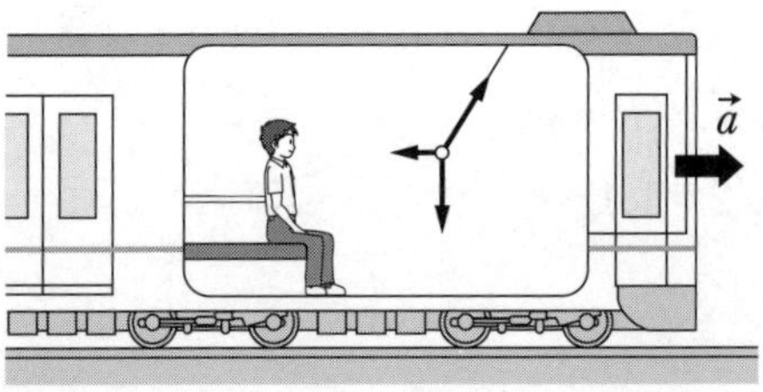

物体には， ② 向きに大きさ ③ の慣性力が観測できる。

□ **2** 鉛直上方に加速度 a で運動するエレベーターがあり，このエレベーターの天井に質量 m の物体をつり下げた。糸が物体を引く力を T，重力加速度の大きさを g とし，物体はエレベーターに対して静止しているとして，次の各問いに答えなさい。

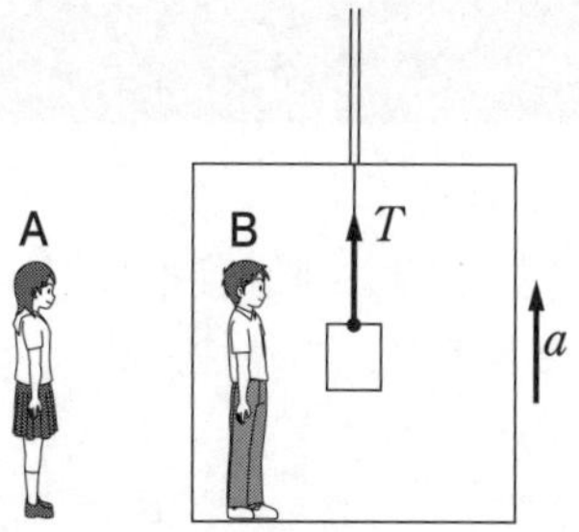

(1) 物体を観測者 A(慣性系)から見た場合について考える。

① 物体の運動方程式を求めなさい。

(　　　　　　　　　　　)

② 物体はどのような運動をするか，答えなさい。

(　　　　　　　　　　　)

(2) 物体を観測者 B(非慣性系)から見た場合について考える。

① 物体の力のつり合いの式を求めなさい。

(　　　　　　　　　　　)

② 静かに糸を切ってから t 秒間に物体が落下する距離を求めなさい。ただし，物体はエレベーターの床面には達していないとする。

(　　　　　　　　　　　)

Check

2 慣性系では，実在する力のみを考えればよい。非慣性系では，見かけの力である慣性力についても考える。

□ **3** 右向きに正の加速度 a で等加速度直線運動をする電車の中で，天井から物体をつり下げたとき後方に鉛直線方向から θ だけ傾いた。重力加速度の大きさを g，物体は電車に対して静止しているとして，次の各問いに答えなさい。

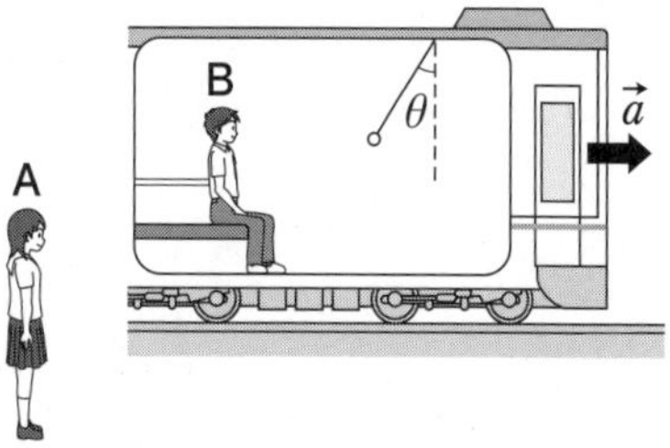

(1) 物体を観測者 A(慣性系)から見た場合について考える。

① 物体の水平方向の運動方程式を求めなさい。

(　　　　　　　　　　　)

② 物体は水平方向にはどのような運動をするか，答えなさい。

(　　　　　　　　　　　)

(2) 物体を観測者 B(非慣性系)から見た場合について考える。

① 物体の水平方向の力のつり合いの式を求めなさい。

(　　　　　　　　　　　)

② 物体は水平方向にはどのような運動をするか，答えなさい。

(　　　　　　　　　　　)

確認

慣性力

見かけの力である慣性力は物体間ではたらく力ではない。そのため，作用・反作用の関係にある力が存在しないので注意する。

7 遠心力

解答▸別冊P.4

POINTS

1 **遠心力**……平面内を円運動する非慣性系の中では慣性力が観測される。この慣性力を特に**遠心力**という。

2 **遠心力の大きさと向き**……自動車が半径 r の等速円運動をしている。自動車の速さを v，運転手の質量を m，運転手が座席から受ける力を F として次のように考える。

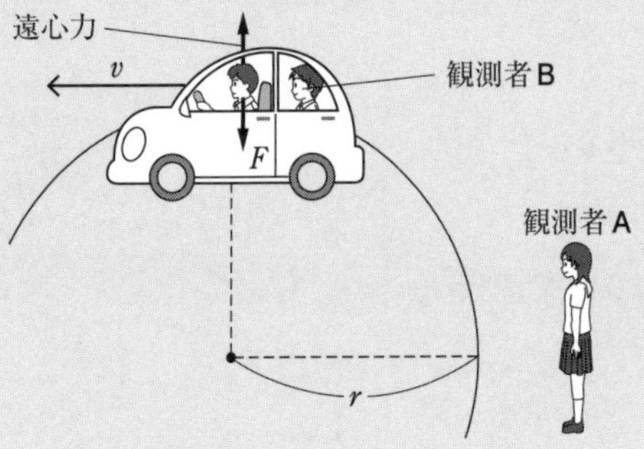

① **慣性系で考える**…車外で静止している観測者Aから運転手を観測すると，運転手は自動車と同様に等速円運動をしている。よって，運動方程式は，$m\dfrac{v^2}{r}=F$ となる。慣性系なので，遠心力は考慮しなくてよい。

② **非慣性系で考える**…車内の観測者Bから運転手を観測すると，運転手は車内で静止しているように見えるので，向心力と逆向きの力を受けて力がつり合っているとみなすことができる。この見かけの力(慣性力)が**遠心力**である。よって，遠心力は次のような力であるといえる。

遠心力の向き：**向心力と逆向き**

遠心力の大きさ：**向心力と等しい**

□ **1** 水平面上で等速円運動をしている物体●にはたらく水平方向の力の向きを表す矢印と名称を，①観測者A(慣性系)，②観測者B(非慣性系)において，それぞれ図中にかきなさい。

①観測者A(慣性系)

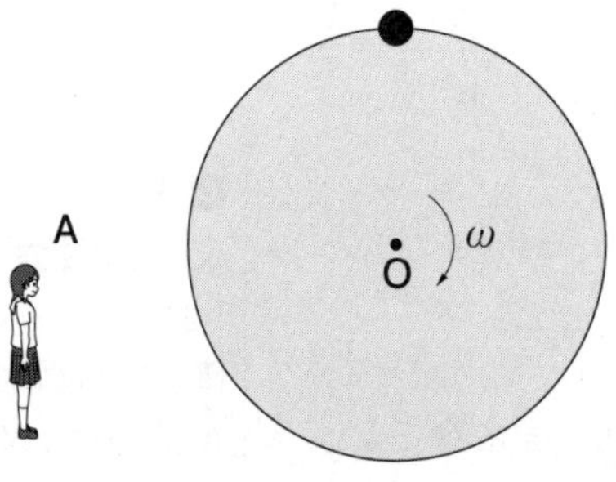

②観測者B(非慣性系)

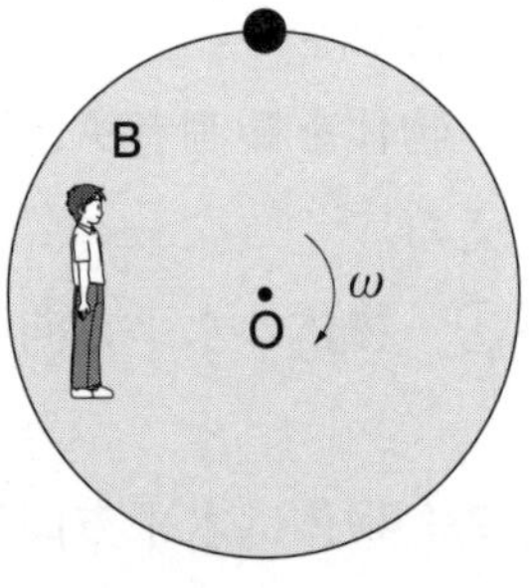

□ **2** 右図のように，質量 m の小物体が高さ h の点Aから斜面を下った後，半径 r の円形のコースに点Bから速さ v_0 で進入し，点Cで速さ v となった。重力加速度の大きさを g，小物体とコースとの間の摩擦を無視できるとして，次の各問いに答えなさい。

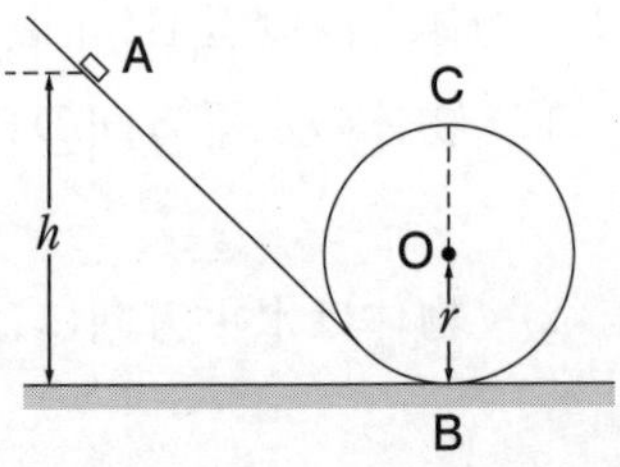

(1) 小物体が点Bを通過した直後の遠心力を求めなさい。

(　　　　　)

(2) 小物体が点Bを通過した直後の垂直抗力 N_B を求めなさい。

(　　　　　)

(3) 点Bの高さを重力による位置エネルギーの基準として，小物体が点Cでもつ力学的エネルギーを求めなさい。

(　　　　　)

(4) 小物体が点Cを通過するための，点Aの高さ h の条件を求めなさい。

(　　　　　)

Check

↳ 2 小物体がコースから離れるとき，垂直抗力が0となる。

□ **3** 長さ $2r$ の軽い糸の一端に質量 m の小球をつけ，他端を点Oに固定し，点Pにピンをつける。点Oと同じ高さの点Aから小球を静かにはなすと，小球が最下点Bを通過するときに糸が点Pのピンにかかり，小球は点Pを中心とする半径 r の円運動を行った。その後，小球は上昇するにつれて糸がたるみ始めた。糸がたるみ始める直前の点を点C，∠OPCを θ として，$\cos\theta$ の値を求めなさい。ただし，重力加速度の大きさを g とする。

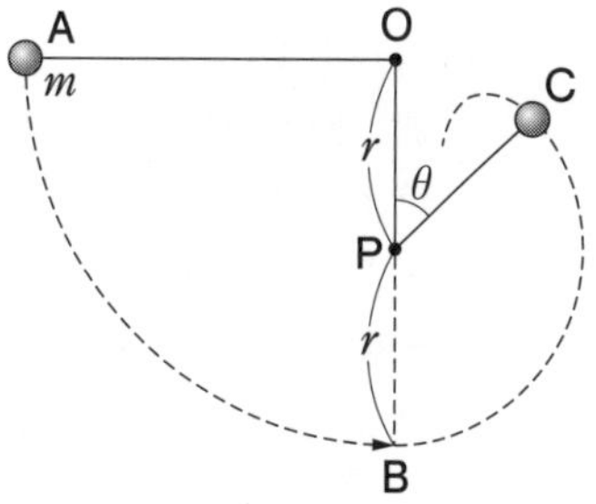

(　　　　　)

↳ 3 小球をつけた糸がたるむ直前に，張力が0となる。

□ **4** ある映画の中で，宇宙ステーション内の人に地上の重力と同じ大きさの力を発生させるために，宇宙ステーション全体を高速で回転させて，遠心力が宇宙ステーション内の人にはたらくようにしていた。回転の中心から宇宙ステーション内の人までの距離を100 mとして，次の各問いに答えなさい。ただし，地球の重力加速度の大きさを10 m/s^2，円周率を3.14，$\sqrt{10}=3.16$ とする。

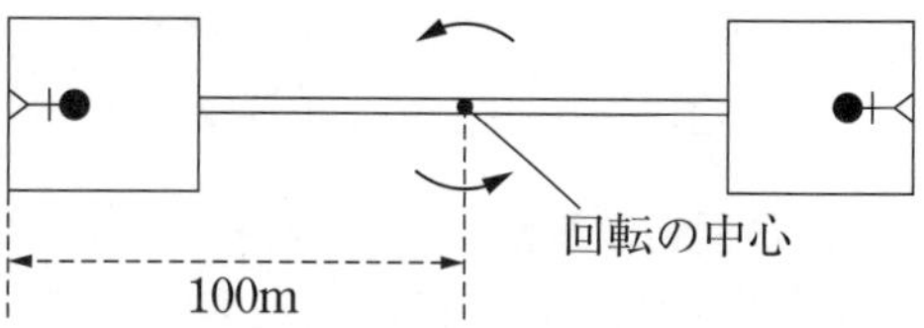

↳ 4 宇宙ステーションを回転させて発生する遠心力に，地上の重力と同じはたらきをさせている。

(1) 宇宙ステーション全体が回転する角速度を求めなさい。

(　　　　　)

(2) 宇宙ステーション全体が1回転するのにかかる時間を求めなさい。

(　　　　　)

第1章 第2章 第3章 第4章 第5章

8 単振動

解答▸別冊P.5

POINTS

1 単振動……ばねのように，ある点からの距離に比例する力を受けて，その点を通る一直線上を動く運動を**単振動**という。

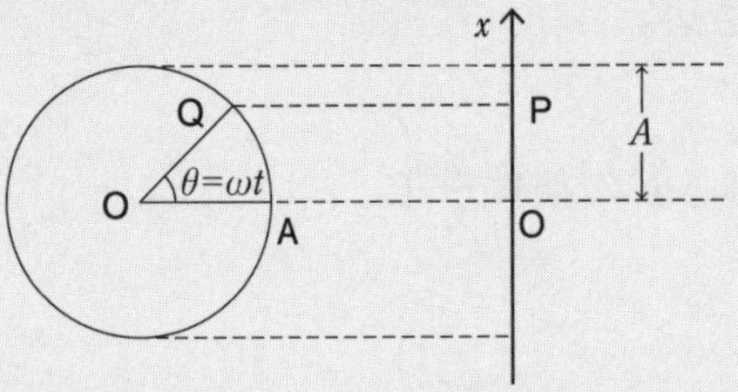

① 周期 T〔s〕…1 回の振動に要する時間。

② 振動数 n〔Hz〕…単位時間に振動する回数。

③ 角振動数 ω〔rad/s〕…動径 OQ が単位時間に回る角度。

④ 位相 $\theta(=\omega t)$〔rad〕…動径 OQ が始線 OA となす角度。

⑤ 振幅 A〔m〕…点 P の往復運動の半分の長さで，変位の大きさの最大値。

2 単振動の変位……時刻 $t=0$ のとき位相 $\theta=0$ とすると，変位 x は次の式で表され，変位の時間変化が**正弦曲線**となる。

$$x=A\sin\theta=A\sin\omega t$$

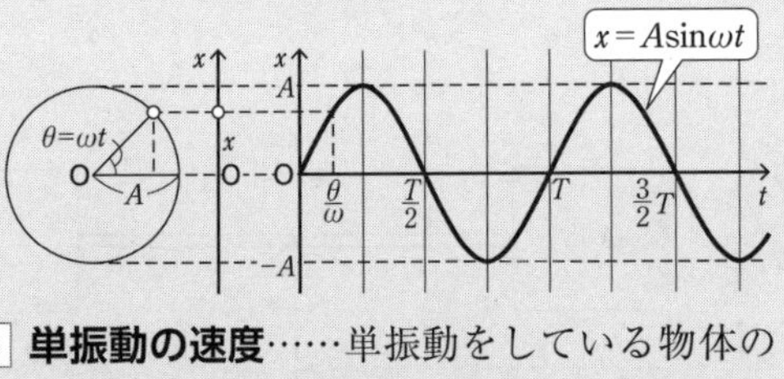

3 単振動の速度……単振動をしている物体の速度 v は，等速円運動の速度(大きさ $A\omega$)の x 成分に等しく，次の式で表される。

$$v=A\omega\cos\omega t$$

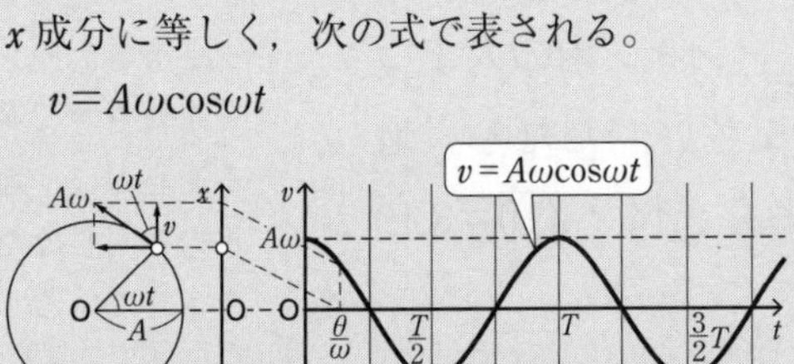

4 単振動の加速度……単振動をしている物体の加速度 a は，等速円運動の加速度(大きさ $A\omega^2$)の x 成分に等しく，次の式で表される。

$$a=-A\omega^2\sin\omega t=-\omega^2 x$$

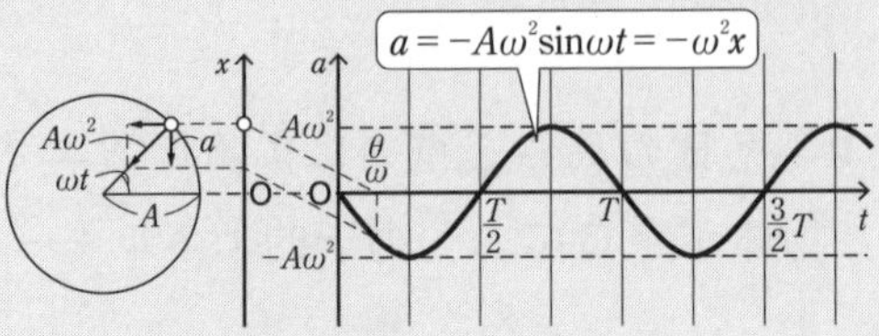

加速度の向きは変位と逆向きで，加速度の大きさは変位の大きさに比例する。

5 復元力……単振動をしている物体を原点 O (振動の中心)に戻そうとはたらく力を**復元力**という。復元力 F は，次の式で表される。

$$F=ma=-m\omega^2 x=-Kx$$

※ $m\omega^2=K$（正の定数）

復元力の向きは変位と逆向きで，復元力の大きさは変位の大きさに比例する。また，復元力の定数 K を用いると，単振動の周期 T は，$T=\dfrac{2\pi}{\omega}=2\pi\sqrt{\dfrac{m}{K}}$ と表すことができる。

6 単振り子……軽い糸を固定し，他端に小さなおもりをつけて鉛直面内でおもりを振動させたものを**単振り子**という。

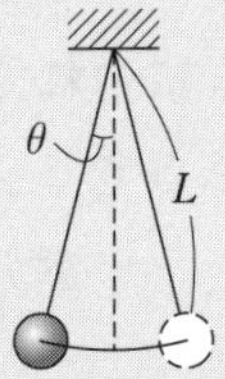

振れ角 θ が小さいとき，長さ L の単振り子の周期 T は次の式で表される。

$$T=2\pi\sqrt{\frac{L}{g}}$$

よって，振れが小さいときの単振り子の周期は，糸の長さ L と重力加速度の大きさ g だけで決まる。これを振り子の**等時性**という。

7 単振動のエネルギー……ばね定数 k のばねにつけた質量 m のおもりが単振動するときの力学的エネルギーは，$E=\dfrac{1}{2}mv^2+\dfrac{1}{2}kx^2$ で表される。$x=A\sin\omega t$，$v=A\omega\cos\omega t$，$k=m\omega^2$，$\omega=2\pi f$ より，

$$E=\frac{1}{2}mv^2+\frac{1}{2}kx^2$$

$$=\frac{1}{2}m\omega^2A^2$$

$$=2\pi^2mf^2A^2$$

よって，単振動をする物体の力学的エネルギーは時刻 t によらず一定となる。

□ **1** 右図の単振り子において，質量 m のおもりの変位を x(右向きを正) 重力加速度の大きさを g，加速度を a とする。次の文章中の□に適当な式を記入しなさい。

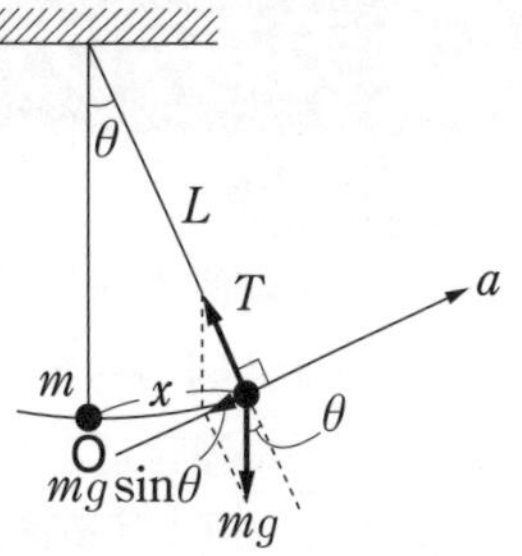

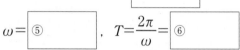

単振り子の接線方向の運動方程式は ①［　　　］となる。θ が微小なとき，$\sin\theta \fallingdotseq \theta = \dfrac{x}{L}$ とみなせるので，$x = L\theta \fallingdotseq$ ②［　　　］となる。角振動数を ω とすると，単振動の加速度の式より，$ma =$ ③［　　　］$= -m\omega^2 x$ となるので，$a =$ ④［　　　］$= -\omega^2 x$ より，$\omega =$ ⑤［　　　］，$T = \dfrac{2\pi}{\omega} =$ ⑥［　　　］

□ **2** 変位が，$x = A\sin\theta\,(0 \leqq \theta < 2\pi)$，角速度が ω の単振動について，次の各問いに答えなさい。

(1) 速度の大きさが最大となる θ とその速度 v を求めなさい。

(　　　　)

(2) 加速度の大きさが最大となる θ とその加速度 a を求めなさい。

(　　　　)

Check

↳ **2** 単振動の速度 v や加速度 a は，次の式で表される。
$v = A\omega\cos\theta$
$a = -A\omega^2\sin\theta$

□ **3** 一端を天井にとりつけた自然長 L_0，ばね定数 k のばねに質量 m のおもりをゆっくりとつるしたところ，x_0 だけ伸びてつり合った。この状態からおもりを下向きに A だけ引っ張り手を静かにはなすと，おもりは鉛直方向に単振動を始めた。重力加速度の大きさを g として，次の各問いに答えなさい。

(1) つり合いの位置を原点として，位置 x でのおもりにはたらく力の合力を求めなさい。ただし，鉛直下向きを正とする。

(　　　　)

(2) おもりの単振動の周期を求めなさい。

(　　　　)

(3) おもりがつり合いの位置を通過するときの速さを求めなさい。

(　　　　)

(4) この単振動の力学的エネルギーを求めなさい。

(　　　　)

↳ **3** 鉛直ばね振り子では，つり合いの位置を振動の中心と考える。

□ **4** 加速度 a で運動している電車の中で，長さ L の糸に質量 m のおもりをつけた単振り子を振動させた場合の周期 T を求めなさい。ただし，重力加速度の大きさを g とする。

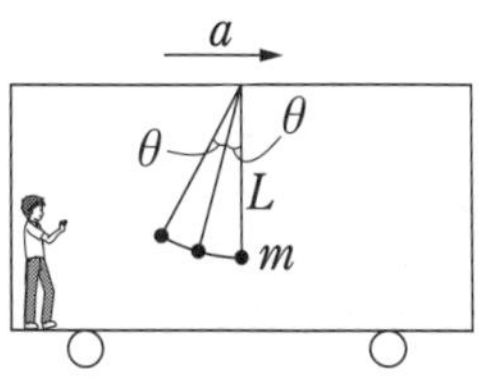

(　　　　)

9 万有引力

解答▸別冊P.5

POINTS

1 ケプラーの法則

① **第1法則**…惑星は，太陽を1つの焦点とする楕円軌道上を運動する。

② **第2法則(面積速度一定の法則)**…1つの惑星と太陽を結ぶ動径が単位時間に通過する面積は一定である。

③ **第3法則**…惑星の公転周期 T の2乗と楕円軌道の長半径 a の3乗の比は，すべての惑星で一定になる。

$$\frac{T^2}{a^3}=k \quad (k\text{は定数})$$

2 万有引力……地球が太陽の周りを公転する運動を等速円運動と考える。地球の質量を m，公転半径を r，公転周期を T とすると，向心力の大きさ F は，$F=mr\omega^2=mr\left(\frac{2\pi}{T}\right)^2=4\pi^2\frac{mr}{T^2}$ である。ケプラーの第3法則より，$T^2=kr^3$ となるので代入すると，$F=4\pi^2\frac{mr}{kr^3}=\frac{4\pi^2}{k}\cdot\frac{m}{r^2}$ となり，惑星にはたらく向心力の大きさは惑星の質量に比例することがわかる。太陽が地球を力 F で引けば，その反作用として地球は太陽を同じ大きさの力 F で引き返し，この力は太陽の質量 M_0 に比例すると考えられる。定数 G を用いて，$\frac{4\pi^2}{k}=GM_0$ とおくと，$F=G\frac{M_0m}{r^2}$ となる。

一般に，2つの物体の質量を m_1，m_2 とし，2つの物体間の距離を r とすると，2つの物体間にはたらく力は，

$$F=G\frac{m_1m_2}{r^2} \quad (G=6.67\times10^{-11}\,\mathrm{N\cdot m^2/kg^2})$$

この法則を，**万有引力の法則**といい，G を**万有引力定数**という。

3 重力……地球上の物体にはたらく重力は，地球と物体の間にはたらく万有引力と，地球の自転による遠心力の合力である。一般に，遠心力の大きさは万有引力の大きさに比べて非常に小さいので無視することができる。地球の半径を R，質量を M，重力加速度の大きさを g，物体の質量を m とすると，重力の大きさは，$mg=G\frac{Mm}{R^2}$ となり，

$$g=\frac{GM}{R^2} \quad (\mathrm{GM}=gR^2)$$

4 万有引力による位置エネルギー……地球の質量を M とし，地球の中心から距離 r に質量 m の物体が静止しているとする。この物体にはたらく万有引力 F は，$F=G\frac{Mm}{r^2}$ となり，無限遠点までゆっくりと地球から引き離すときの仕事 W は，$W=G\frac{Mm}{r}$ となることが知られている。よって，無限遠点を万有引力による位置エネルギーの基準とすると，地球の中心から距離 r での位置エネルギー U は，

$$U=-G\frac{Mm}{r}$$

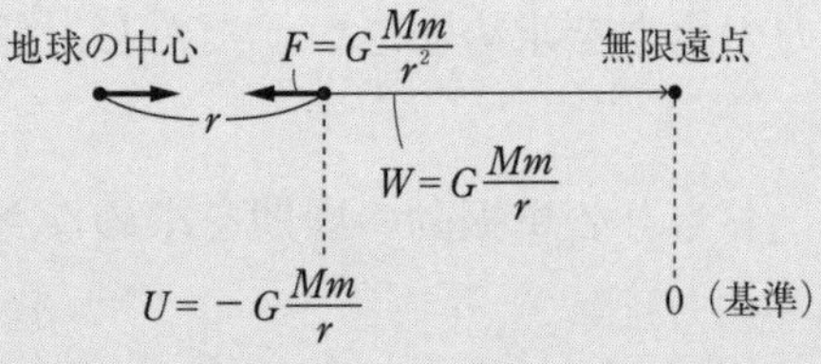

□ **1** 地球の公転周期を 1.00 年，楕円軌道の長半径を 1.50×10^8 km，火星の楕円軌道の長半径を 2.25×10^8 km とする。次の文章中の□に適当な数値や語句を記入し，火星の公転周期を求めなさい。ただし，$\sqrt{2}=1.41$，$\sqrt{3}=1.73$ とする。

地球の公転周期と楕円軌道の長半径を用いると，ケプラーの第3法則より，比例定数 $k=$［①　　　　］となる。k はどの惑星においても［②　　　　］とみなせるので，火星の公転周期は［③　　　　］年と求められる。

□ **2** ハレー彗星の公転周期は75年で，近日点距離 r_1 は 0.88×10^8 km，地球の公転周期は1.00年，楕円軌道の長半径は 1.50×10^8 km である。ハレー彗星の遠日点距離を r_2，近日点での速さを v_1，遠日点での速さを v_2 として，次の各問いに答えなさい。

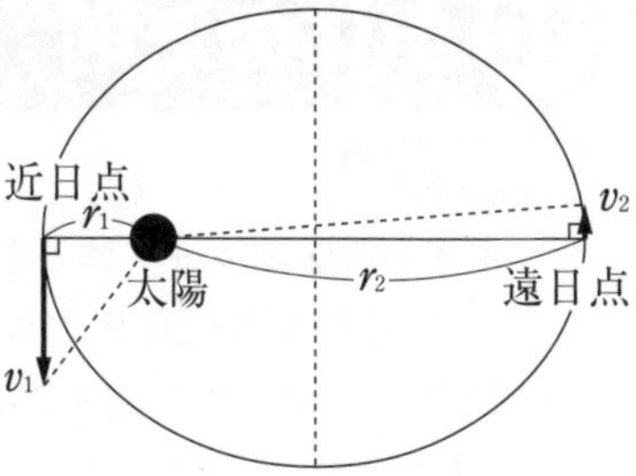

(1) ケプラーの第2法則を用いて，r_1，r_2，v_1，v_2 の間で成り立つ関係式を求めなさい。

（　　　　　　　　）

(2) r_2 は何 km になるか求めなさい。ただし，$\sqrt[3]{75^2}=17.8$ とする。

（　　　　　　　　）

(3) v_1 は v_2 の何倍になるか求めなさい。

（　　　　　　　　）

Check

↳ **2** 天体の軌道上で太陽との距離が最も近い点を近日点，最も遠い点を遠日点という。

□ **3** 地球の赤道上にある物体の質量 m を 5.0 kg，地球の半径 R を 6.4×10^6 m，地表での重力加速度の大きさ g を 9.8 m/s^2，万有引力定数 G を 6.7×10^{-11} N･m^2/kg^2，地球の自転周期を24時間，円周率を3.14として，次の各問いに答えなさい。

(1) この物体にはたらく万有引力の大きさを求めなさい。

（　　　　　　　　）

(2) 地球の質量を求めなさい。

（　　　　　　　　）

(3) 地表から見て，この物体にはたらく万有引力の大きさは遠心力の大きさの何倍になるか求めなさい。

（　　　　　　　　）

↳ **3** 地表の物体にはたらく万有引力の大きさと重力の大きさは等しい。
また，地表から見た遠心力の大きさは $m\dfrac{v^2}{R}(=mR\omega^2)$ である。

□ **4** 重力加速度の大きさを g とすると，質量 m の物体が地表から高さ h にあるとき，地表を基準とした重力による位置エネルギーが mgh で表されることを，万有引力による位置エネルギーを用いて示しなさい。ただし，地球の質量を M，地球の半径を R，万有引力定数を G とし，h は R より十分小さいとする。

（　　　　　　　　）

↳ **4** 万有引力が高さ h まで運ぶときの仕事，つまり，万有引力による位置エネルギーの差が重力による位置エネルギーとなる。

10 気体の法則

解答▸別冊P.6

POINTS

1 ボイルの法則……気体の温度が一定のとき，一定質量の気体の体積 V は気体の圧力 p に反比例し，次の式で表される。

pV＝一定

これを**ボイルの法則**という。

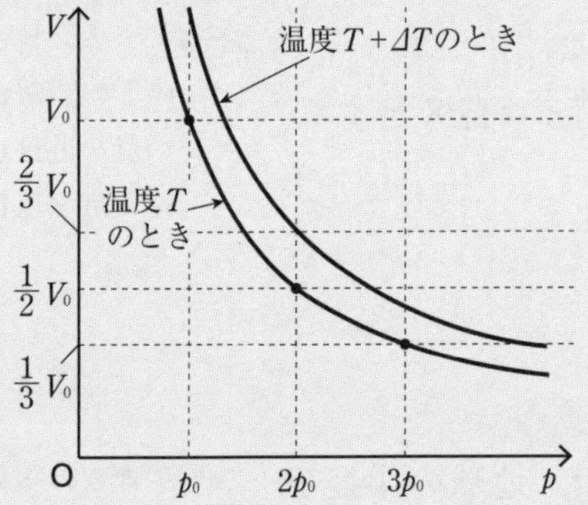

2 シャルルの法則……気体の圧力が一定のとき，一定質量の気体の体積は，1℃上昇すると0℃のときの$\frac{1}{273}$だけ体積が増加するので，0℃の気体の体積を V_0 とすると，t〔℃〕の気体の体積 V は，$V=V_0\left(1+\frac{t}{273}\right)$ となる。

$t=-273$℃のとき $V=0$ となり，この温度を**絶対零度**という。−273℃＝0 K とする温度を**絶対温度**という。絶対温度 $T=t+273$ であり，0℃のときの絶対温度を T_0 とおくと，$T_0=273$ K となる。よって，

$$V=V_0\left(1+\frac{t}{273}\right)=V_0\left(\frac{273+t}{273}\right)=V_0\frac{T}{T_0}$$

この式を変形すると，次のようになる。

$$\frac{V}{T}=\frac{V_0}{T_0}=一定$$

気体の圧力が一定のとき，一定質量の気体の体積 V は絶対温度 T に比例する。これを**シャルルの法則**という。

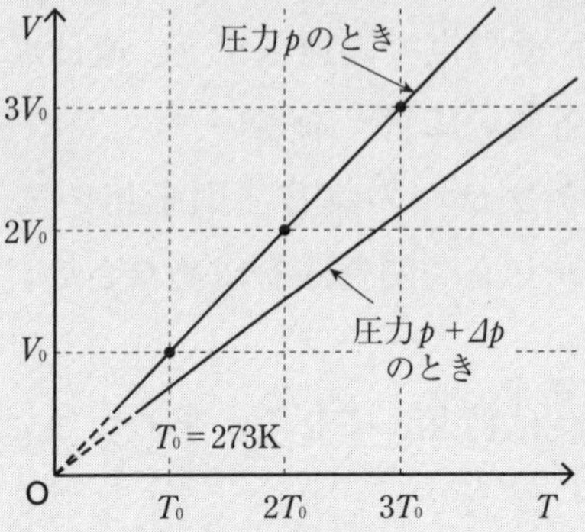

3 ボイル・シャルルの法則……ボイルの法則とシャルルの法則をまとめると，

$$\frac{pV}{T}=一定$$

4 理想気体の状態方程式……ボイル・シャルルの法則が成り立つ理想的な気体を，**理想気体**という。理想気体の量は**物質量**で表し，単位は**モル**(記号 mol)を用いる。気体 1 mol の中にある分子数をアボガドロ定数 N_A といい，$N_A=6.02\times10^{23}$〔/mol〕である。また，0℃(273 K)，1.013×10^5 Pa$(=1.013\times10^5$ N/m^2 $=1$ atm$)$を標準状態といい，気体の種類によらず 1 mol の体積は 22.4 L$(2.24\times10^{-2}$ m$^3)$となる。体積は物質量 n に比例するので，$\frac{pV}{T}=nR$ (R：定数)となる。

R の値は標準状態の気体 1 mol の体積から，

$$R=\frac{pV}{T}=\frac{1.013\times10^5\times2.24\times10^{-2}}{273}$$
$$\fallingdotseq 8.31 \text{ J/(mol·K)}$$

となり，R を**気体定数**という。R を用いると，理想気体について次の式が成り立つ。

$$pV=nRT$$

これを，**理想気体の状態方程式**という。

□ **1** 次の図はある気体が状態 A →状態 Y →状態 X へと変化するようすを表している。状態 A を標準状態として，次の□にあてはまる数値，式，語句を記入しなさい。

1 mol の理想気体において，標準状態では，

圧力 p_0＝①＿＿ Pa，体積 V_0＝②＿＿ m^3，温度 T_0＝③＿＿ K

状態A→状態Yへの変化は ④ の法則に従うので，関係式 ⑤ が成り立つ。

状態Y→状態Xへの変化は ⑥ の法則に従うので，関係式 ⑦ が成り立つ。

⑤と⑦より，$\dfrac{pV}{T}=$ ⑧ となるので，

⑨ の法則を導くことができる。

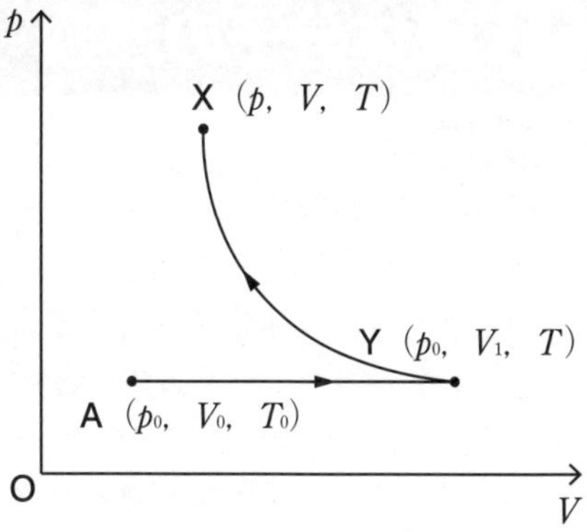

□ **2** 分子量 M の気体の質量を m〔kg〕とする。気体の圧力を p〔Pa〕，気体の体積を V〔m^3〕，気体の温度を T〔K〕，気体定数を R〔J/(mol･K)〕として，次の各問いに答えなさい。

(1) この気体を理想気体とみなすとき，気体の状態方程式を書きなさい。

（　　　　　）

(2) この気体の密度を ρ〔kg/m^3〕とするとき，ρ を用いて気体の状態方程式を書きなさい。

（　　　　　）

Check

↳ **2** 物体の質量が kg で与えられた場合，分子量はモル質量〔g/mol〕とほぼ一致する値なので，単位をそろえる必要がある。

□ **3** 水 1.00 g がすべて 100℃の水蒸気になったとき，水蒸気の体積は何 cm^3 になるか求めなさい。ただし，水の分子量を 18.0，気体定数 R を 8.31 J/(mol･K)，100℃での水の蒸気圧を 1.01×10^5 N/m^2 とし，水蒸気を理想気体とみなす。

（　　　　　）

□ **4** 水深 10.0 m の海底に理想気体の泡がある。海水の密度を 1.02 g/cm^3 として，次の各問いに答えなさい。

(1) 大気圧を 1.00×10^5 Pa，重力加速度の大きさを 9.80 m/s^2 とすると，海底の泡が受ける圧力は何 Pa か求めなさい。

（　　　　　）

(2) 海底の泡が海面まで上がってきたとき，体積は何倍になるか求めなさい。ただし，海底の水温を 17℃，海面の水温を 27℃とする。

（　　　　　）

↳ **4** 水圧 p は，大気圧 p_0，水の密度 ρ，重力加速度の大きさ g，水深 h を用いて，$p=p_0+\rho gh$ で求められる。

11 気体分子の運動

解答▸別冊P.6

POINTS

1 気体分子の運動……一辺の長さがLの立方体中の理想気体分子の運動から，気体の圧力を考える。気体分子の質量をm，はね返り係数を$e=1$とし，立方体に沿ってx，y，z軸をとり，1個の分子の速度を$\vec{v}=(v_x,\ v_y,\ v_z)$とすると，この分子が壁Aに弾性衝突した後の速度は$\vec{v'}=(-v_x,\ v_y,\ v_z)$となり，運動量変化は，$m\vec{v'}-m\vec{v}=(-2mv_x,\ 0,\ 0)$となる。作用・反作用の関係より，壁Aは分子から逆向きの力を受けるので，その力積は$2mv_x$となる。

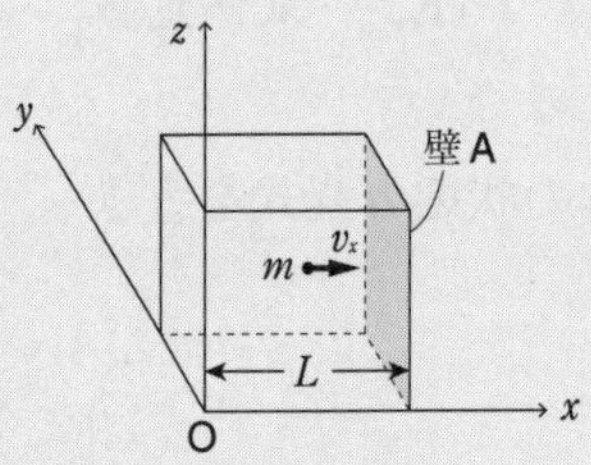

分子が壁Aに衝突してから，次に壁Aに衝突するまでの時間$t=\dfrac{2L}{v_x}$なので，単位時間あたりの壁Aへの衝突回数は$\dfrac{v_x}{2L}$である。1個の分子が壁Aに加える力F_1は，単位時間あたりに1個の分子が壁Aに与える力積となるので，$F_1=2mv_x\times\dfrac{v_x}{2L}=\dfrac{m{v_x}^2}{L}$となる。個々の分子の運動は不規則なので，${v_x}^2$の平均値を$\overline{{v_x}^2}$とすると，気体の内部では，$x$，$y$，$z$軸のどの方向にも同様に分子が運動しているとし，$\overline{{v_x}^2}=\overline{{v_y}^2}=\overline{{v_z}^2}$と考えて，$\overline{v^2}=\overline{{v_x}^2}+\overline{{v_y}^2}+\overline{{v_z}^2}=3\overline{{v_x}^2}$より，$\overline{{v_x}^2}=\dfrac{1}{3}\overline{v^2}$となり，$N$個の分子が壁Aに加える力の総和$F$は，$F=\dfrac{Nm\overline{v^2}}{3L}$となる。よって，気体が面積$S$の壁Aに加える圧力$p$は，立方体の体積を$V$とすると，

$$p=\frac{F}{S}=\frac{F}{L^2}=\frac{Nm\overline{v^2}}{3L^3}=\frac{Nm\overline{v^2}}{3V}$$

2 分子の運動エネルギー……分子1個あたりの平均運動エネルギーは，$\dfrac{1}{2}m\overline{v^2}$と表すことができる。立方体中の気体1 molの分子の個数はN_A個なので，$pV=\dfrac{N_Am\overline{v^2}}{3}$となり，1 molの理想気体の状態方程式は$pV=RT$なので，$\dfrac{N_Am\overline{v^2}}{3}=RT$となる。よって，

$$\frac{1}{2}m\overline{v^2}=\frac{3}{2}\cdot\frac{R}{N_A}T=\frac{3}{2}kT$$

ここで，$k=\dfrac{R}{N_A}=\dfrac{8.31}{6.02\times10^{23}}\fallingdotseq1.38\times10^{-23}$ J/K をボルツマン**定数**という。

3 気体の内部エネルギー……理想気体では分子間の力による位置エネルギーは考えなくてよい。また，単原子分子の理想気体では，回転運動による運動エネルギーは無視できるので，単原子分子からなる理想気体n molの内部エネルギーUは，

$$U=nN_A\times\frac{1}{2}m\overline{v^2}=nN_A\frac{3RT}{2N_A}=\frac{3}{2}nRT$$

よって，**理想気体の内部エネルギーは，物質量と絶対温度に比例することがわかる。**

□ **1** n〔mol〕の単原子分子からなる理想気体の温度をT〔K〕からΔT〔K〕だけ上昇させた。気体定数をRとして，図中の□に適当な式を記入しなさい。

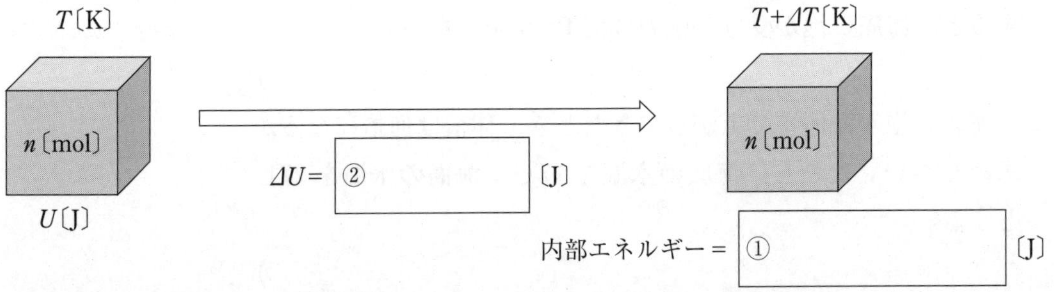

□ **2** 理想気体とみなせる分子1個の質量 m〔kg〕の酸素について，次の各問いに答えなさい。

(1) 絶対温度 T〔K〕での酸素分子の2乗平均速度を求めなさい。ただし，酸素のモル質量を M〔kg/mol〕，気体定数を R とする。

( )

(2) 酸素分子の平均運動エネルギーを求めなさい。ただし，アボガドロ定数 N_A を 6.02×10^{23}/mol，絶対温度 T を 300 K，気体定数 R を 8.31 J/(mol·K)とする。

( )

□ **3** 理想気体とみなせるヘリウム 1.0 mol について，次の各問いに答えなさい。

(1) 標準状態のときのヘリウムの密度 ρ〔kg/m³〕を求めなさい。ただし，ヘリウムの分子量を 4.00 とする。

( )

(2) (1)のときのヘリウムの2乗平均速度 $\sqrt{\overline{v^2}}$〔m/s〕を，ヘリウムの密度 ρ〔kg/m³〕，ヘリウムの圧力 p〔Pa〕を用いて表しなさい。

( )

(3) (1)のときのヘリウムの内部エネルギー U〔J〕を求めなさい。ただし，気体定数 R を 8.31 J/(mol·K)とする。

( )

(4) ヘリウムの温度を 1.00 K 上昇させたとき，内部エネルギーはどれだけ変化するか，求めなさい。

( )

(5) ヘリウムの温度を変えずに気体を押し縮めて体積を $\frac{1}{2}$ にした。このとき，内部エネルギーはどれだけ変化するか，求めなさい。

( )

□ **4** 右図のように断熱容器 A，B に圧力，体積，温度が異なる同じ単原子分子の理想気体が入っている。中央の栓を開いて A，B の気体を混合すると，気体の温度は何 K になるか求めなさい。ただし気体定数 R を 8.31 J/(mol·K)，1 atm を 1.01×10^5 Pa とする。

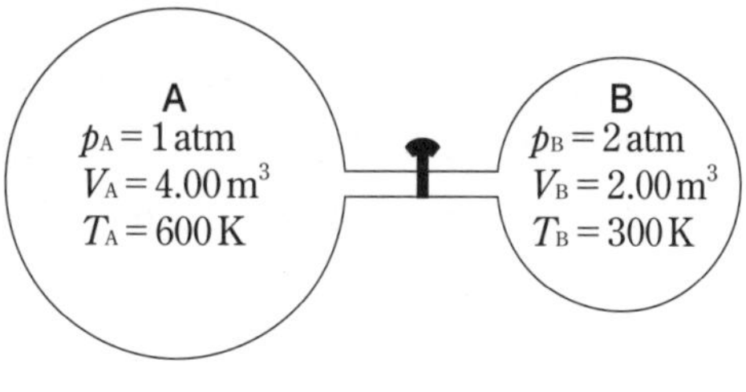

( )

Check

↳ **2** 2乗平均速度は，分子の速度の2乗平均 $\overline{v^2}$ の平方根 $\sqrt{\overline{v^2}}$ である。

↳ **3** (1)標準状態の理想気体 1 mol の体積は 2.24×10^{-2} m³ である。また，分子量はモル質量〔g/mol〕とほぼ一致する。

(2) 2乗平均速度 $\sqrt{\overline{v^2}}$ は，次の式で表される。

$$\sqrt{\overline{v^2}}=\sqrt{\frac{3RT}{M\times10^{-3}}}$$

これを，密度 ρ を用いた式に変形して考える。

第1章 第2章 第3章 第4章 第5章

⑫ 気体の状態変化

解答▸別冊P.7

POINTS

1 **熱力学の第 1 法則**……気体に加えた熱量を Q〔J〕，気体の内部エネルギーの増加を$\varDelta U$〔J〕，気体が外部にした仕事を W〔J〕とすると，$Q=\varDelta U+W$の関係が成り立つ。これを，**熱力学の第 1 法則**という。

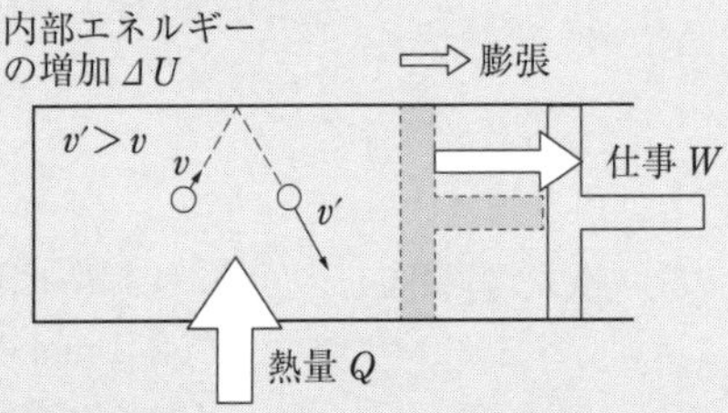

気体が外部から仕事をされるとき，その仕事を W' とすると，$\varDelta U=Q+W'$ が成り立つ。このことから，$W=-W'$ の関係となる。

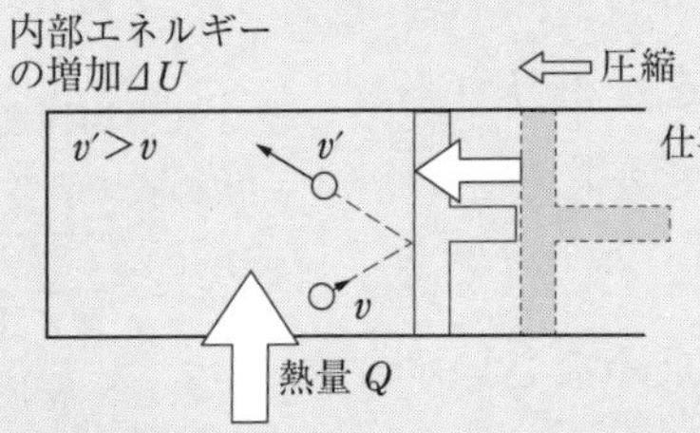

2 **定積変化**……気体の体積を一定にし，圧力や温度を変える変化を**定積変化**という。体積が変化しないので気体は外部に仕事をしない。よって，$Q=\varDelta U$となり，気体に加えた熱量は全て内部エネルギーの増加に使われる。

3 **定圧変化**……気体の圧力を一定にし，体積や温度を変える変化を**定圧変化**といい，$Q=\varDelta U+W$となる。一定の圧力を p〔Pa〕とし，ピストンの断面積を S〔m^2〕とすると，ピストンにかかる力は $F=pS$，ピストンの移動距離を$\varDelta l$，気体の体積の増加を$\varDelta V$とすると，気体が外部にした仕事 Wは，

$$W=F\varDelta l=pS\varDelta l=p\varDelta V=nR\varDelta T$$

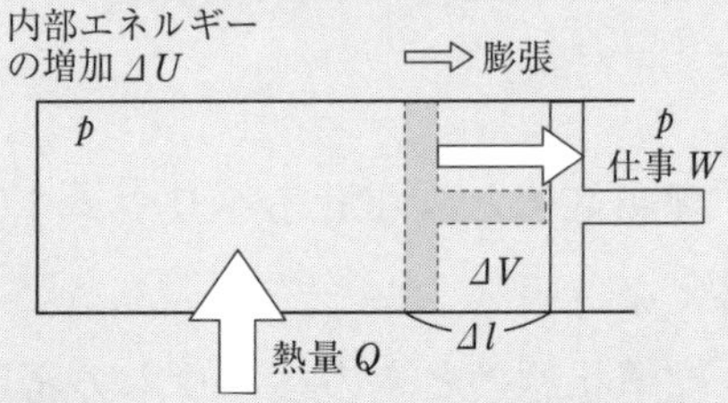

4 **等温変化**……気体の温度を一定にし，気体の体積や圧力を変える変化を**等温変化**という。温度が変化しないので内部エネルギーは変化しない。よって，$Q=W$となり，気体に加えた熱量はすべて外部への仕事に使われる。このとき，$pV=nRT$（一定）となる。

5 **断熱変化**……気体と外部の間で熱の出入りがないようにして圧力や体積を変える変化を**断熱変化**という。気体に加えられる熱量がないので，$\varDelta U=-W=W'$となり，気体が外部からされる仕事はすべて内部エネルギーの増加に使われる。断熱変化による気体の圧縮を**断熱圧縮**，気体の膨張を**断熱膨張**という。理想気体をゆっくり断熱変化させると，$pV^{\gamma}=$一定$(\gamma>1)$となる。これを**ポアソンの法則**といい，γを**比熱比**という。

□ **1** 1 mol の気体を右図の A から B の状態に変化させた。次の文章中の□に適当な語句や式を記入しなさい。

図のような変化を［①　　　］変化という。このとき，気体が外部にした仕事は図中の■の面積で表され，その大きさは［②　　　］となる。②は気体定数 R を用いると［③　　　］と表されるので，①の変化で気体の温度が 1 K 上昇するときに気体がした仕事は［④　　　］となる。

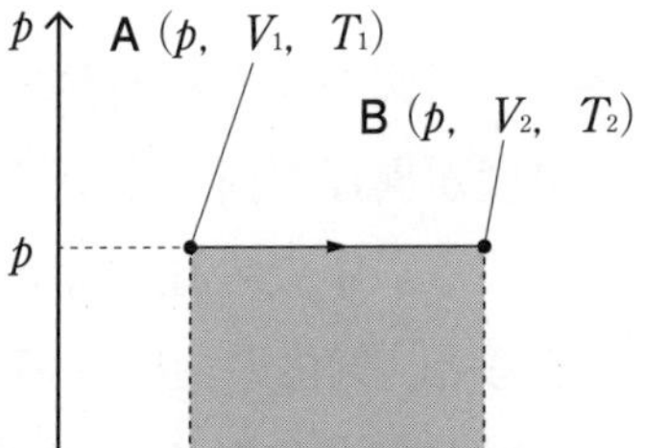

□ **2** 右図の①の状態にあった1 molの理想気体が，①→②→③→④→①のように1サイクルの変化をした。これについて，次の各問いに答えなさい。

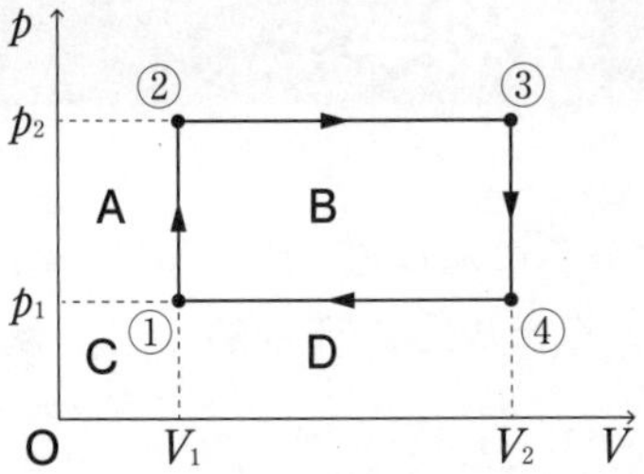

(1) ①→②の変化で，気体が外部にする仕事を求めなさい。

（　　　　　　　　）

(2) ②→③の変化で，気体が外部にする仕事を求めなさい。

（　　　　　　　　）

(3) ③→④の変化で，気体が外部にする仕事を求めなさい。

（　　　　　　　　）

(4) ④→①の変化で，気体が外部にする仕事を求めなさい。

（　　　　　　　　）

(5) ①→②→③→④→①の1サイクルの変化で気体が外部にした仕事を表す面積を，図のA～Dから選んでかきなさい。

（　　　　　　　　）

Check

2 定圧変化では，
$W=p\Delta V$
定積変化では，気体が外部にする仕事は0である。

□ **3** 右図のp−Vグラフは，等温変化と断熱変化を表したものである。等温変化のグラフを選び，記号で答えなさい。

（　　　　　　　　）

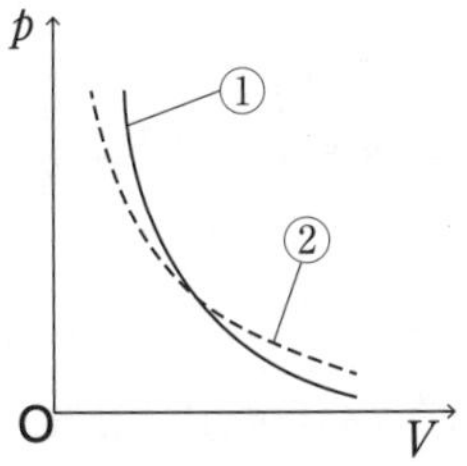

3 理想気体をゆっくり断熱変化させると，pV^{γ}＝一定$(\gamma>1)$となる。

□ **4** 空のペットボトルを用いて，雲をつくる実験を行った。ペットボトルに水蒸気を含んだ空気を入れて加圧した後，一気に開栓すると，ペットボトル内に小さな水滴(雲)が発生した。この原理を簡単に説明しなさい。ただし，この実験における空気の状態変化は断熱膨張とする。

（　　　　　　　　）

4 断熱変化では，熱力学の第1法則より，
$\Delta U=-W$

13 モル比熱，熱効率

解答▸別冊P.8

POINTS

1 **モル比熱**……1 molの気体の温度を1K上昇させるのに必要な熱量を**モル比熱**(**モル熱容量**)という。

2 **定積モル比熱**……定積変化のときのモル比熱を**定積モル比熱**という。気体に加えられた熱量をQ，気体の内部エネルギーをUとすると，定積変化のとき，気体は外部に仕事をしないので，$Q=\Delta U$である。物質量nの単原子分子理想気体の内部エネルギーは絶対温度T，気体定数Rのとき，$U=\frac{3}{2}nRT$なので，$Q=\Delta U=\frac{3}{2}nR\Delta T$より，定積モル比熱$C_V$は，$C_V=\frac{Q}{n\Delta T}=\frac{3}{2}R$

3 **定圧モル比熱**……定圧変化のときのモル比熱を**定圧モル比熱**という。定圧変化のとき，気体は外部に$W=p\Delta V=nR\Delta T$の仕事をするので，単原子分子理想気体では，

$Q=\Delta U+p\Delta V=\frac{5}{2}nR\Delta T$より，

定圧モル比熱C_pは，$C_p=\frac{Q}{n\Delta T}=\frac{5}{2}R$

4 **モル比熱の関係**……定積モル比熱と定圧モル比熱には，$C_p=C_V+R$という関係が成り立つ。これを**マイヤーの関係**という。また，2つのモル比熱の比$\gamma=\frac{C_p}{C_V}$を**比熱比**といい，単原子分子理想気体では，$\gamma=\frac{5}{3}$となる。

5 **多原子分子**……複数の原子で構成される分子を**多原子分子**という。多原子分子理想気体の内部エネルギーは，並進運動の運動エネルギーと回転運動の運動エネルギーを考える必要がある。

単原子分子理想気体はx，y，z軸の3方向に自由に並進運動をするので自由度は3となる。二原子分子理想気体は温度が上昇すると並進運動の3方向に加えて，回転運動の自由度が加わる。分子の結合方向(x軸)を回転軸とするエネルギーは無視できるので，回転運動の自由度は2となり，並進運動と回転運動を合わせた自由度は5となる。

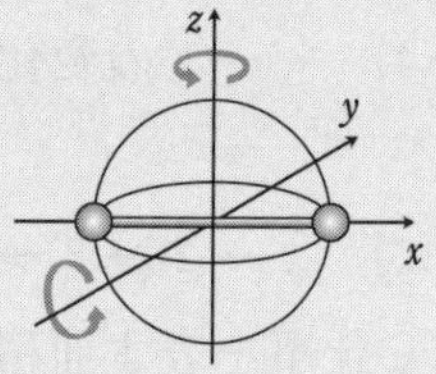

単原子分子：$U=\frac{3}{2}nRT$

二原子分子：$U=\frac{5}{2}nRT$(高温の場合は除く)

6 **熱効率**……熱を仕事に変える装置を**熱機関**という。熱機関は，高温の熱源から熱量Q_1を吸収し，低温の熱源に熱量Q_2を放出する間に，外部に仕事Wをする。熱機関の**熱効率**e ($e<1$)は，$e=\frac{W}{Q_1}=\frac{Q_1-Q_2}{Q_1}$

□ **1** 次の文章中の［　］に適当な式を記入しなさい。

単原子分子理想気体に加えられた熱量をQとすると，定積変化では内部エネルギーの変化$\Delta U=$［①　］となり，温度変化ΔTと気体定数Rを用いると，$\Delta U=$［②　］となる。定積モル比熱C_Vは，1 molあたりの温度を1K上昇させるのに必要な熱量なので，$C_V=$［③　］となり，マイヤーの関係から，定圧モル比熱C_p＝［④　］となる。よって，単原子分子理想気体の比熱比γは，$\gamma=$［⑤　］である。

□ **2** 単原子分子の理想気体 0.50 mol に外部から 2.0×10^2 J の熱量を加えた。これについて，次の各問いに答えなさい。

(1) 気体が大きさの変化しない容器内にあるとき，気体の温度の変化量を求めなさい。ただし，単原子分子理想気体の定積モル比熱を 12.5 J/(mol·K) とする。

(　　　　　　　　　　)

(2) 気体の圧力を一定に保ったまま熱量を加えたときの，気体の温度の変化量を求めなさい。ただし，単原子分子理想気体の定圧モル比熱を 20.8 J/(mol·K) とする。

(　　　　　　　　　　)

Check

↳ **2** 気体に加えられた熱量を Q，気体の内部エネルギーを U とすると，定積変化では，$Q=\Delta U$

□ **3** 単原子分子理想気体について，次の各問いに答えなさい。

(1) 0℃，1.01×10^5 Pa のときの，気体 1.0 mol の内部エネルギーを求めなさい。ただし，気体定数 R を 8.31 J/(mol·K) とする。

(　　　　　　　　　　)

(2) 2.0 mol の気体の圧力を一定に保ったまま，温度を 10 K 下げた。このとき気体から放出される熱量を求めなさい。ただし，気体の定圧モル比熱を 20.8 J/(mol·K) とする。

(　　　　　　　　　　)

↳ **3** 気体の内部エネルギー U は，次の式で表される。

$$U=\frac{3}{2}nRT$$

□ **4** 高温の熱源から受け取る熱量 Q_1 が 2.5×10^6 J，低温の熱源に放出する熱量 Q_2 が 2.0×10^6 J で，外部にする仕事 W が 5.0×10^5 J の熱機関の熱効率を求めなさい。

(　　　　　　　　　　)

↳ **4** 熱効率 e は，次の式で表される。

$$e=\frac{W}{Q_1}=\frac{Q_1-Q_2}{Q_1}$$

□ **5** ガソリンで動く熱機関がある。この熱機関は空冷式でガソリンを 1 秒間に 5.0 g 消費する。この熱機関の熱効率が 0.30 のとき，1 秒間に何 J の廃熱を空気中に放出しているか求めなさい。ただし，ガソリン 1 g が完全燃焼すると 4.5×10^4 J の熱量になり，熱機関が外部にした仕事から廃熱は出ないものとする。

(　　　　　　　　　　)

14 波の表し方

解答▶別冊P.8

POINTS

1 波動……振動が次々と伝わっていく現象を**波動**または**波**という。

① **波源**…波が発生した場所。

② **媒質**…波を伝える物質。

③ **横波**…媒質の振動方向と波動の進行方向が垂直な波。

④ **縦波**…媒質の振動方向と波動の進行方向が平行な波。媒質の**密**の部分と**疎**の部分が交互に伝わるので，**疎密波**ともいう。

2 波の表し方

① **波形**…振動している各点をつないだ曲線。

② **変位**…媒質の各点において，振動の中心からのずれ。変位が最も大きいところを**山**といい，最も小さいところを**谷**という。

③ **波長**…隣り合う山と山，谷と谷などの間隔。

④ **振幅**…山の高さや谷の深さ。振動の最大の変位。

⑤ **周期**…媒質の各点が1回振動するのにかかる時間。

⑥ **振動数**…1秒間に媒質が振動する回数。

周期 T，振動数 f，波の速さ v，波の波長 λ には，次のような関係が成り立つ。

$$f=\frac{1}{T}=\frac{v}{\lambda} \qquad v=\frac{\lambda}{T}=f\lambda$$

3 正弦波……波源が単振動を続けるときに媒質の各点も単振動し，波形が正弦曲線で表される波を**正弦波**という。振幅を A，周期を T，角振動数を ω，時刻 $t=0$ のときに位相 $\theta=0$ とすると，時刻 t での変位 y は，

$$y=A\sin\omega t=A\sin\frac{2\pi}{T}t$$

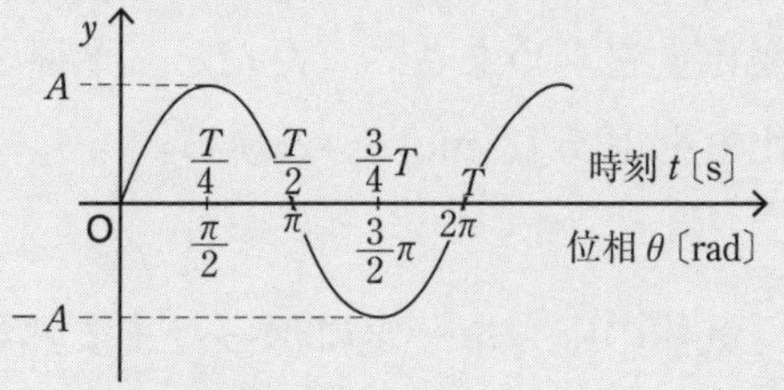

4 正弦波を表す式……原点Oで，$y=A\sin\frac{2\pi}{T}t$ で表される振動が，x 軸の正の向きに速さ v で伝わる場合，位置 x では原点Oでの振動が $\frac{x}{v}$ だけ遅れて伝わるので，位置 x での変位 y は，

$$y=A\sin\frac{2\pi}{T}\left(t-\frac{x}{v}\right)=A\sin 2\pi\left(\frac{t}{T}-\frac{x}{\lambda}\right)$$

x 軸の負の向きに進む波の場合は，

$$y=A\sin 2\pi\left(\frac{t}{T}+\frac{x}{\lambda}\right)$$

このとき，$2\pi\left(\frac{t}{T}-\frac{x}{\lambda}\right)$ や $2\pi\left(\frac{t}{T}+\frac{x}{\lambda}\right)$ の部分を**位相**という。

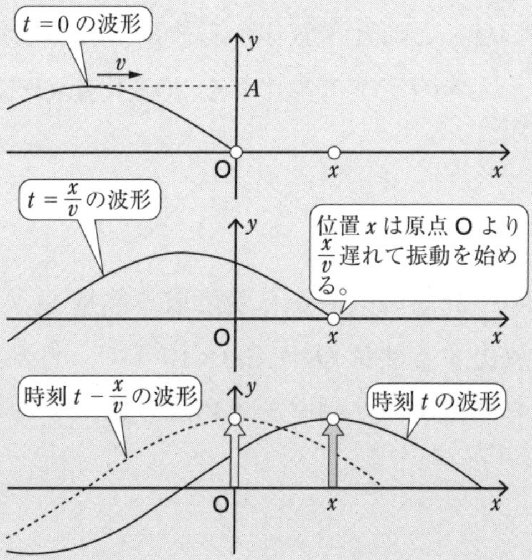

□ **1** 右図は，x 軸の正の向きに進む縦波のある瞬間の波形を，縦波の右向き変位を上向き変位に，左向き変位を下向き変位として表現したものである。次の文章中の□に適当な語句や記号を記入しなさい。

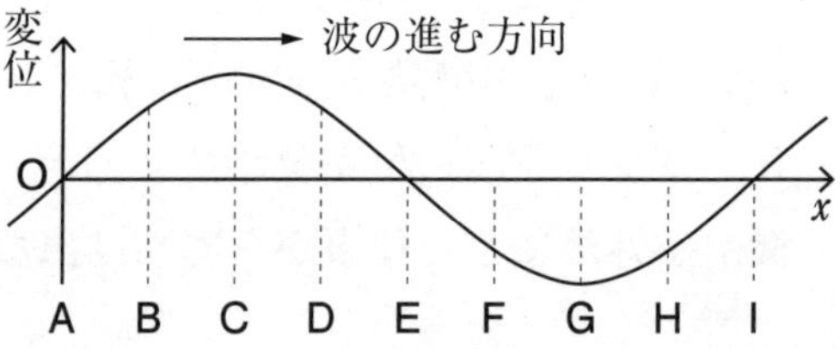

縦波の左向き変位と右向き変位に引き伸ばされる部分を疎といい，最も疎の部分は図の[①]と[②]である。右向き変位と左向き変位に押し縮められる部分を密といい，最も密の部分は図の[③]である。

また，変位の大きさが[④]の部分で媒質の速度が0となり，図の[⑤]と[⑥]があてはまる。⑤は右向き変位が増加から減少に移り変わる点を表し，⑥は左向き変位が増加から減少に移り変わる点を表している。媒質の x 軸の負の向きの速度が最大となるのは，図の[⑦]と[⑧]である。媒質の x 軸の正の向きの速度が最大となるのは，図の[⑨]である。

□ **2** x 軸の正の向きに正弦波が進んでいる。右図の実線は時間 $t=0$ s のときの波形で，$t=0.5$ s のとき，はじめて破線の波形になった。この波について，次の各問いに答えなさい。

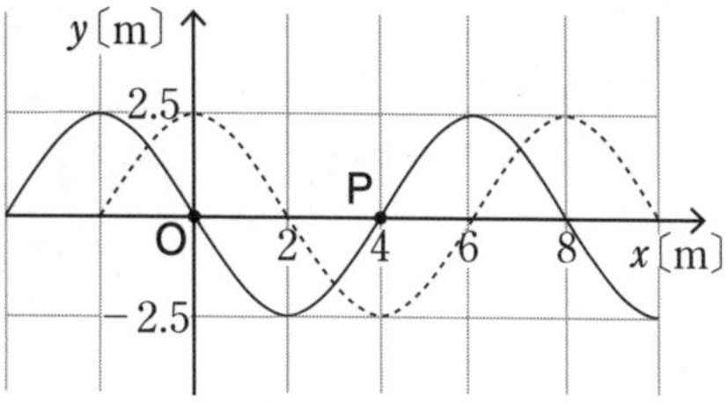

(1) この波の速さ v は何 m/s か求めなさい。

(　　　　　　　　　　)

(2) この波の周期 T は何 s か求めなさい。

(　　　　　　　　　　)

(3) 点Oにおいて，時刻 t〔s〕のときの媒質の変位 y〔m〕を表す式を書きなさい。

(　　　　　　　　　　)

(4) x〔m〕の位置において，時刻 t〔s〕のときの媒質の変位 y〔m〕を表す式を書きなさい。

(　　　　　　　　　　)

(5) 点Pにおいて，時刻4sのときの媒質の変位を求めなさい。

(　　　　　　　　　　)

□ **3** x 軸の正の向きに進む正弦波があり，$y=A\sin(at-bx)$ で表されている。ここで，y は時刻 t，位置 x における変位を表している。A，a，b は正の定数とする。ある瞬間，$x=x_1$ での変位が $y_1 \neq 0$ であった。同じ瞬間に同じ変位 y_1 となる位置 x のうち，x_1 から最も近い位置を求めなさい。

(　　　　　　　　　　)

Check

↳ **2** 波長は，山と山の間か，谷と谷の間を読み取るとわかりやすい。

↳ **3** 波動は，$y=A\sin(at-bx)$ と表されていても，$y=A\sin 2\pi\left(\dfrac{t}{T}-\dfrac{x}{\lambda}\right)$ と比較して考えればよい。

15 波の伝わり方

解答▸別冊P.9

POINTS

1 波面と射線……媒質の位相(振動状態)が等しい点を連ねた線または面を**波面**といい，波が進む向きを示す線を**射線**という。波面と射線は直交する。

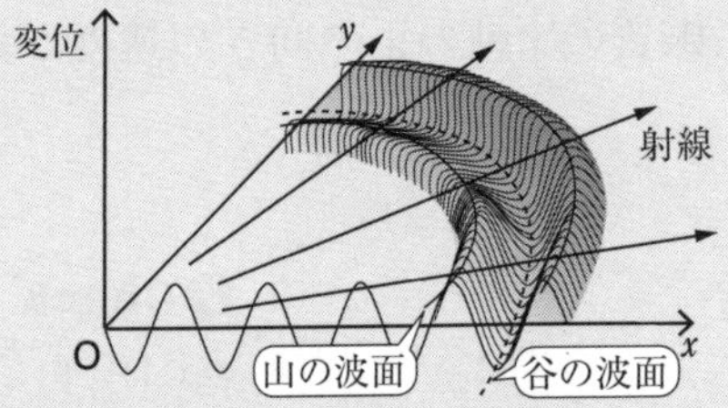

2 回折……波が障害物の背後に回り込む現象を回折という。障害物の隙間や障害物自体が波長に比べて大きい場合は回折が目立たないが，波長に比べて小さい場合は目立つようになる。

3 ホイヘンスの原理……ホイヘンスは，回折の隙間が小さくなり点とみなせると，その点を波源とする波面は円形になると考え，この波を**素元波**とした。また，1つの波面上のすべての点を新たな波源として素元波が生じ，これらの素元波に共通に接する包絡面が次の波面になるという原理を提案した。

① **球面波の伝わり方**

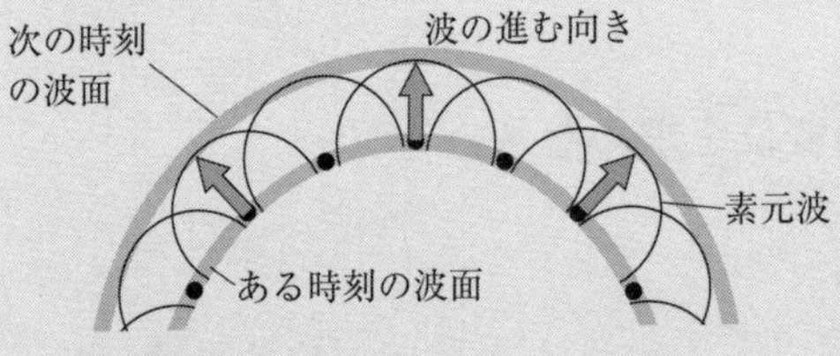

② **平面波の伝わり方**

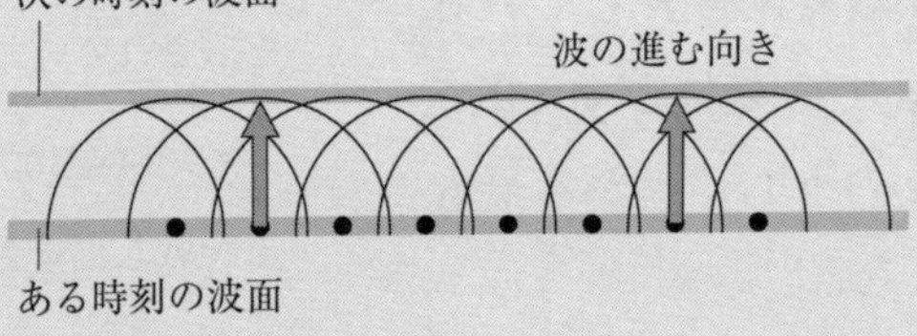

4 反射と屈折……光が媒質Ⅰから媒質Ⅱに入射するとき，反射と屈折が同時に生じる。

① **反射の法則**

$i=j$

② **屈折の法則**

媒質Ⅰに対する媒質Ⅱの屈折率をn_{12}とすると，

$$n_{12}=\frac{\sin i}{\sin r}=\frac{v_1}{v_2}=\frac{\lambda_1}{\lambda_2}$$

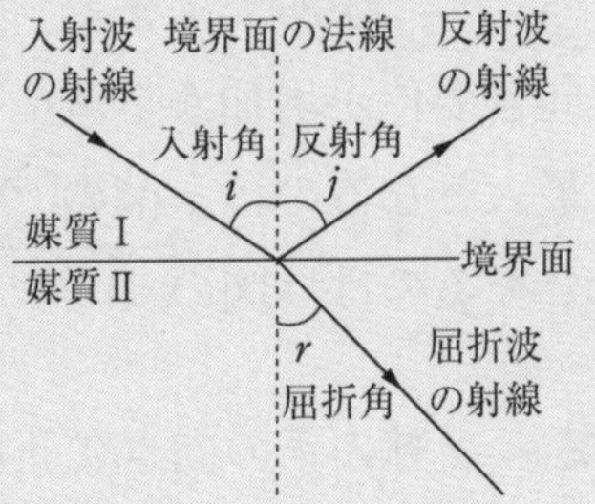

5 干渉……複数の波が重なって，強め合ったり弱め合ったりする現象を波の**干渉**という。2つの波源で同位相で同じ振幅の振動をさせると，山と山，谷と谷が重なる場所では波は強め合い，山と谷が重なる場所では波は弱め合う。ある点において，波長λの波を出す波源S_1，S_2からの距離をそれぞれL_1，L_2とすると，次の関係が成り立つ。

① **2つの波が最も強め合う条件**

$|L_1-L_2|=m\lambda$　$(m=0,\ 1,\ 2,\ \cdots)$

② **2つの波が最も弱め合う条件**

$|L_1-L_2|=\left(m+\dfrac{1}{2}\right)\lambda$　$(m=0,\ 1,\ 2,\ \cdots)$

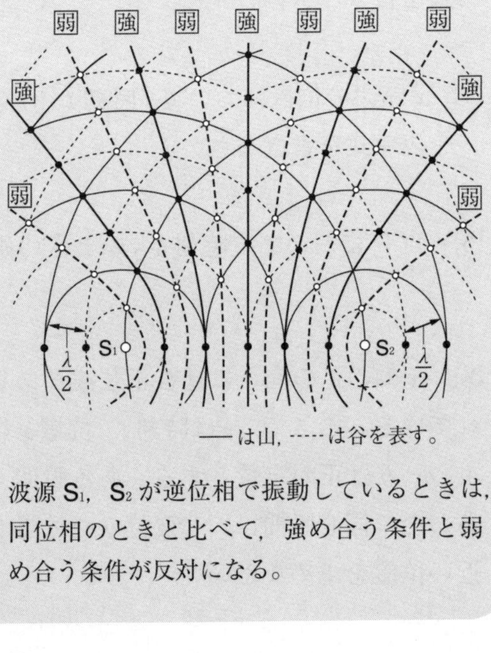

―― は山，‐‐‐‐ は谷を表す。

波源S_1，S_2が逆位相で振動しているときは，同位相のときと比べて，強め合う条件と弱め合う条件が反対になる。

□ **1** 次の図は，平面波が媒質Ⅰから媒質Ⅱへ進むようすを表している。点 A，B は境界面上の点とし，AP を入射波の波面とする。次の文章中の［　　］に適当な言葉や式を記入しなさい。⑤は図中にかきなさい。

媒質Ⅰ，Ⅱの波の速さをそれぞれ v_1，v_2 とすると，媒質Ⅰに対する媒質Ⅱの屈折率 n は，$n=$［①　　］となる。$n=2$ のとき，点 P を含む波面が点 B まで進んだとき，点 A を出た波面は半径が［②　　］PB の円弧上に達している。［③　　］の波面は，点 B から，この円弧に［④　　］を引いたものになり，③の射線は④と直交する。よって，屈折波の進む方向をホイヘンスの原理を用いてかくと，⑤のようになる。

⑤

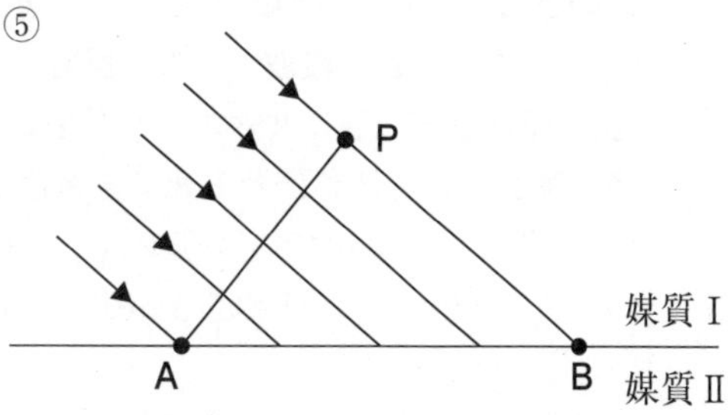

□ **2** 水面上にある波源 S_1，S_2 から，速さ 1.0 cm/s，周期 4.0 s，振幅 0.20 cm の波を送り出す。次の各問いに答えなさい。

(1) S_1，S_2 から送り出される波の波長 λ を求めなさい。

（　　　　　　　　）

(2) S_1，S_2 から同位相の波が送り出されるとき，S_1 から 20 cm，S_2 から 26 cm 離れた点での合成波の振幅を求めなさい。

（　　　　　　　　）

(3) S_1 と S_2 の振動が逆位相のとき，S_1 と S_2 の垂直二等分線上の合成波の振幅を求めなさい。

（　　　　　　　　）

Check

↳ **2** 2つの波源から出る波が同位相か逆位相かによって，合成波の強弱の条件が変わるので注意する。

□ **3** 水面に 9 cm 離れた2つの波源 S_1，S_2 があり，波長 4 cm の波を同位相で送り出した。S_1，S_2 を結ぶ線分上での位置を P とし，$S_1P=x$〔cm〕として，次の各問いに答えなさい。

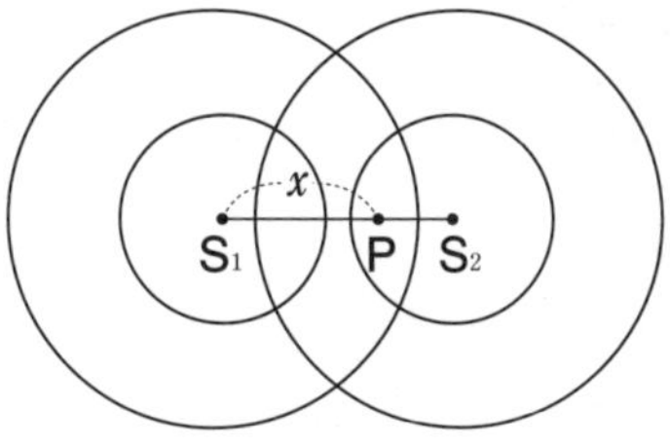

(1) 点 P で2つの波が強め合うときの x をすべて求めなさい。

（　　　　　　　　）

(2) 点 P で2つの波が弱め合うときの x をすべて求めなさい。

（　　　　　　　　）

↳ **3** x の範囲は，$0<x<9$ となる。

第1章
第2章
第3章
第4章
第5章

16 音の伝わり方

解答▸別冊P.9

POINTS

1 **音の性質**……音は波の一種であり，空気などの媒質中を伝わる**縦波**である。**反射**，**屈折**，**回折**，**干渉**など，波に共通する性質をもつ。

2 **音の速さ**……音波の伝わる速さを**音速**といい，乾燥した空気中での音速 V〔m/s〕は温度 t〔℃〕を用いて，$V=331.5+0.6\,t$ で表される。

3 **音の反射**……音波は壁などに当たると反射する。山びこ，風呂場などでのエコーは音の反射によるものであり，音の反射を利用したものには潜水艦のソナーなどがある。音の反射でも，反射の法則が成り立つ。

4 **音の屈折**

昼間　　夜間

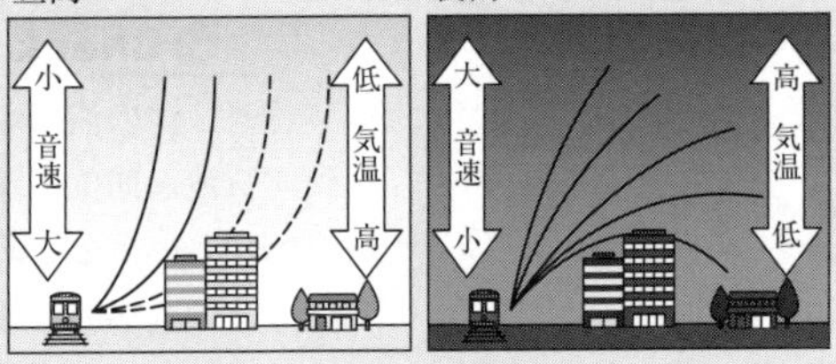

音波は，音速の異なる境界で屈折する。夜間に遠くの音がよく聞こえるのは，気温による音速の違い，つまり，音波の屈折率の違いが関係している。音の屈折でも，屈折の法則が成り立つ。

5 **音の回折**……音波の波長は，身のまわりのものと比べて比較的長いので，よく回折する。壁の向こう側にいる人の話し声などが聞こえるのは，このためである。

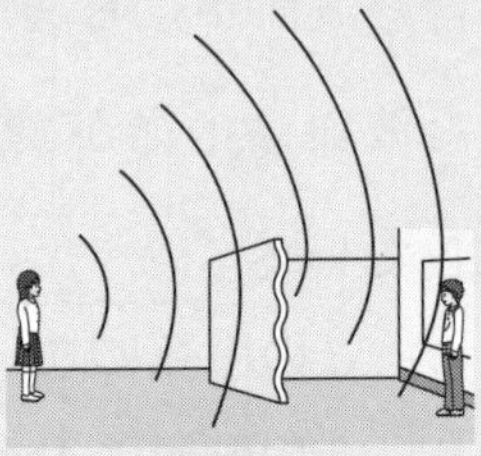

6 **音の干渉**……2つのスピーカーから同じ振動数，振幅の音を出すと音の干渉が起こり，音が大きく聞こえるところと，小さく聞こえるところが生じる。音の干渉でも，波の干渉条件が成り立つ。

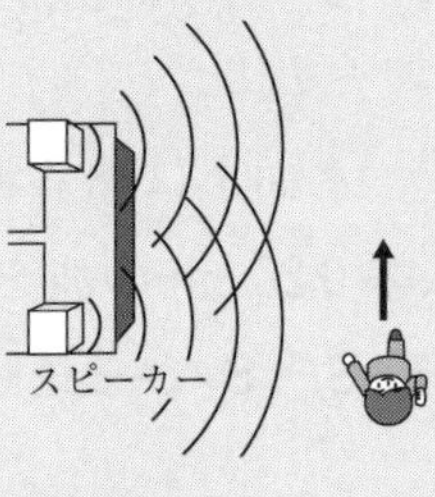

□ **1** 点A，Bに音源を置き，高さも大きさも同じ音を同位相で出す。下図はそれぞれの音源から同時刻に出て広がる音波の山の波面を表している。①は，音の干渉により，音が最も小さくなる場所を結んだ線を図中にかきなさい。②は，音の干渉により，音が最も大きくなる場所を結んだ線を図中にかきなさい。ただし，音波の波長を6 cmとし，図の1目盛りを1 cmとする。

①音が最も小さくなる場所

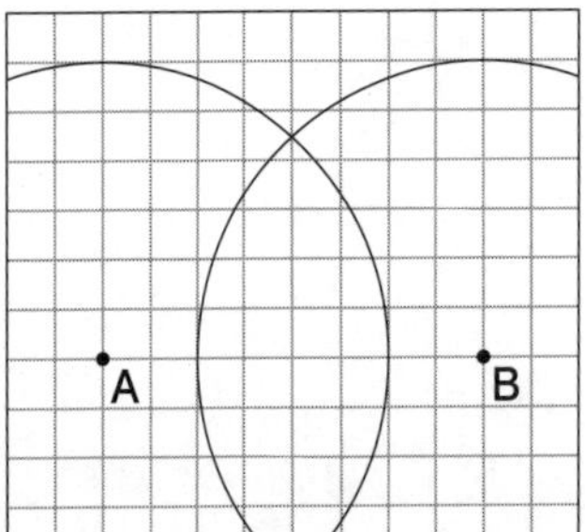

②音が最も大きくなる場所

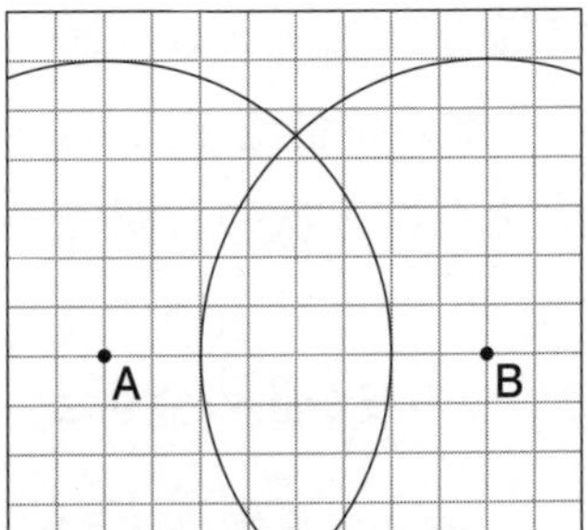

□ **2** 右図のように2つのスピーカーA, Bを離して置き，高さも大きさも同じ音を同位相で出す。A，Bから離れたところを線分ABと平行にゆっくりと歩きながら音を聞く実験を行った。音波の波長をλ，Aからの距離をL_A，Bからの距離をL_Bとして，次の各問いに答えなさい。

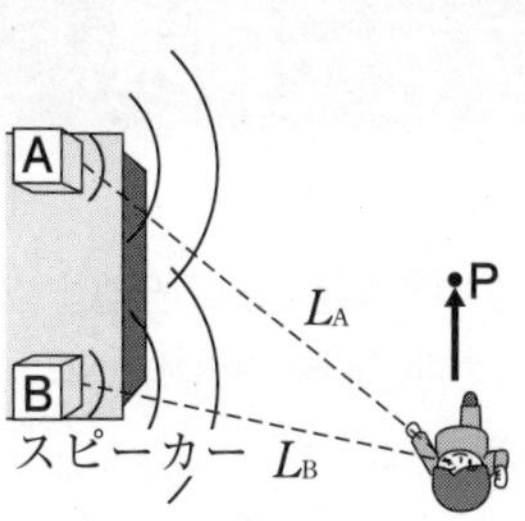

(1) 線分ABの垂直二等分線上の点Pを通過するとき，聞こえる音は1つのスピーカーから出る音と比べてどのようになるか答えなさい。

(　　　　　　　　　　)

(2) 点Pを通過した後，点Pと同じ大きさの音が初めて聞こえるのはどのような位置か，簡単に説明しなさい。

(　　　　　　　　　　　　　　　　　　　　　)

Check

2 同位相で振動する波の干渉の条件は次のようになる。
強め合う条件
$|L_A - L_B| = m\lambda$
弱め合う条件
$|L_A - L_B| = m\lambda + \frac{\lambda}{2}$

□ **3** 風船に二酸化炭素を入れて膨らませると，音を集音できる音レンズをつくることができる。風船に二酸化炭素を入れると音を集音できる理由を，「音速」という言葉を使って簡単に説明しなさい。

(　　　　　　　　　　　　　　　　　　　　　)

3 どのように屈折すると集音できるかを考えればよい。

□ **4** 右図のようなクインケ管がある。Pから入った音波は左右に分かれて進み，それぞれAとBを経由してQから出てくる。経路Aと経路Bが等距離のとき，Qで聞こえる音の大きさは大きくなった。Bの管をゆっくり引き出すと，音の大きさは徐々に小さくなった。さらに引き出し，元の位置からΔxだけ引き出すと，再び音が大きく聞こえた。入射した音の振動数を，Δxを用いて求めなさい。ただし，このときの音速をVとする。

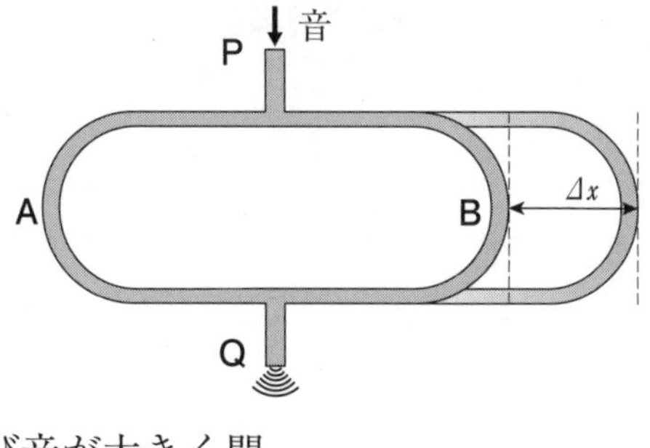

(　　　　　　　　　　)

⑰ 音のドップラー効果

解答▸別冊P.9

POINTS

1 **ドップラー効果**……音源や観測者が運動するとき，観測される音の振動数が変化する現象を音のドップラー効果という。

2 **音源が運動する場合**……音速を V とし，音源Sが振動数 f_0 の音を出しながら速度 v_S で進む場合を考える。

① **音源が観測者に近づく場合**…t 秒間に音は Vt の距離を進み，音源Sは v_St の距離を進む。観測者は，$Vt-v_St$ の距離にある f_0t 個の波を聞くことになるので，

音源の前方の波長：$\lambda_1=\dfrac{Vt-v_St}{f_0t}=\dfrac{V-v_S}{f_0}$

観測者が聞く音の振動数：$f_1=\dfrac{V}{\lambda_1}=\dfrac{V}{V-v_S}f_0$

$f_1>f_0$ より，観測者が聞く音は音源の音より高くなることがわかる。

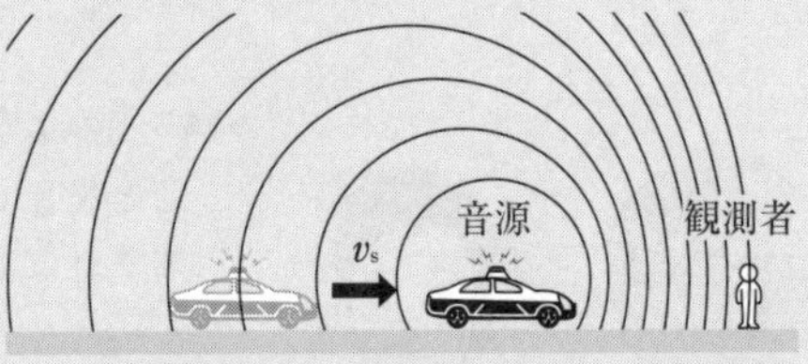

② **音源が観測者から遠ざかる場合**…①の v_S を $-v_S$ として考えると，

音源の後方の波長：$\lambda_2=\dfrac{Vt+v_St}{f_0t}=\dfrac{V+v_S}{f_0}$

観測者が聞く音の振動数：$f_2=\dfrac{V}{\lambda_2}=\dfrac{V}{V+v_S}f_0$

$f_2<f_0$ より，観測者が聞く音は音源の音より低くなることがわかる。

3 **観測者が運動する場合**……音速を V，音源Sの振動数を f_0 とし，観測者が速度 v_O で進む場合を考える。

① **観測者が音源に近づく場合**…t 秒間に音は Vt の距離を進み，観測者は v_Ot の距離を進む。観測者は，$Vt+v_Ot$ の距離にある $f_0t+\dfrac{v_O}{V}f_0t=\dfrac{V+v_O}{V}f_0t$ 個の波を聞くことになるので，

観測者が聞く音の振動数：$f_3=\dfrac{V+v_O}{V}f_0$

$f_3>f_0$ より，観測者が聞く音は音源の音より高くなることがわかる。

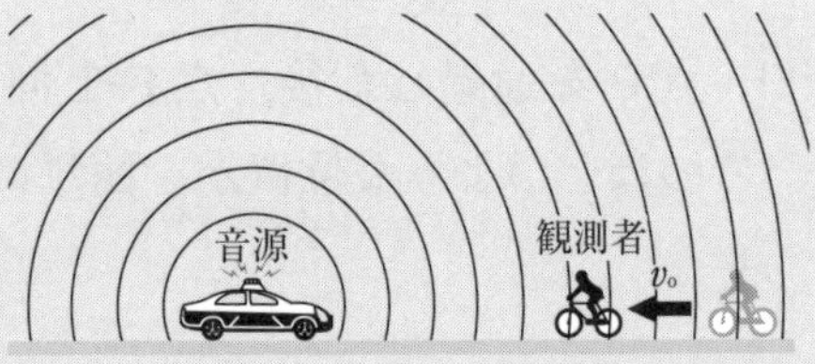

② **観測者が音源から遠ざかる場合**…①の v_O を $-v_O$ として考えると，

観測者が聞く音の振動数：$f_4=\dfrac{V-v_O}{V}f_0$

$f_4<f_0$ より，観測者が聞く音は音源の音より低くなることがわかる。

4 **音源も観測者も動く場合**……音源から観測者への向きを正とすると，f_1 から f_4 までを一つに合わせて，次のように表すことができる。

観測者の聞く音の振動数：$f=\dfrac{V-v_O}{V-v_S}f_0$

5 **風が吹いている場合**……風速を w とすると **4** の式の V を，風速と音速の向きが同じ場合 $V+w$，逆向きの場合 $V-w$ と置きかえて考えることができる。

□ **1** 音源の振動数を f_0，音速を V とする。右向きを正として図中の□に適当な式を記入しなさい。

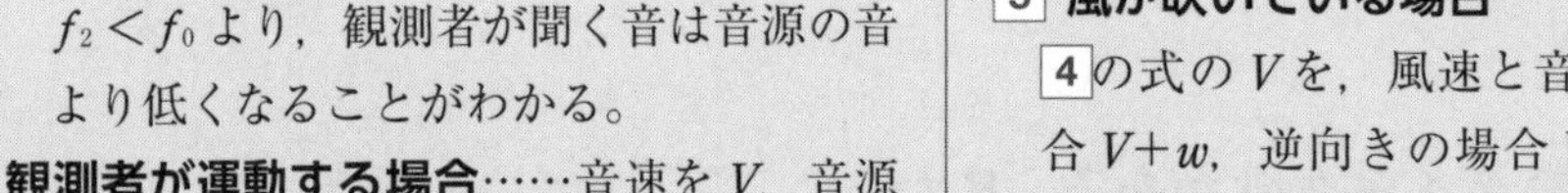

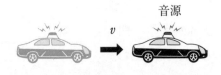

音源から出る音の振動数 ＝ ①

観測者が聞く音の振動数 ＝ ②

□ **2** 振動数f_0の音源が，右へ速度vで移動している。また壁も右側へ速度uで移動しているとき，次の各問いに答えなさい。ただし，音速をVとする。

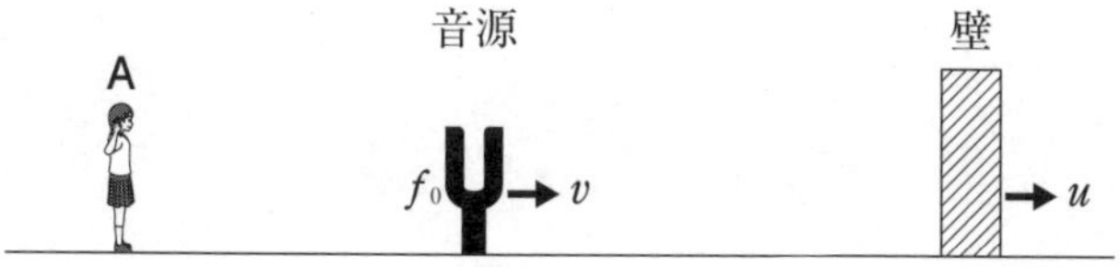

(1) 観測者Aが聞く音源からの直接音の振動数を求めなさい。

(　　　　　　　　　　)

(2) 壁が受け取る音源からの音の振動数を求めなさい。

(　　　　　　　　　　)

(3) 観測者Aが聞く壁からの反射音の振動数を求めなさい。

(　　　　　　　　　　)

(4) 観測者Aが聞く1秒あたりのうなりの回数を求めなさい。

(　　　　　　　　　　)

Check

2 壁は観測者の立場で音を受け取り，音源の立場で音を反射する。

(4)振動数f_1，f_2の音によって生じる1秒あたりのうなりの回数fは，次の式で求められる。

$f=|f_1-f_2|$

□ **3** 電車が振動数f_0の警笛を鳴らしながら，右向きに速度vで走っている。これについて，次の各問いに答えなさい。ただし，観測者Aは線路から離れたところで観測しているとし，音速はVとする。

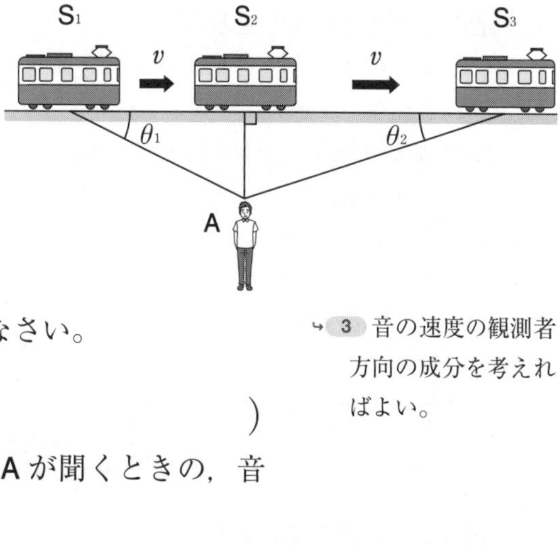

(1) 電車がS_1の位置で発した警笛を観測者Aが聞くときの，音の振動数f_1を求めなさい。

(　　　　　　　　　　)

(2) 電車がS_2の位置で発した警笛を観測者Aが聞くときの，音の振動数f_2を求めなさい。

(　　　　　　　　　　)

(3) 電車がS_3の位置で発した警笛を観測者Aが聞くときの，音の振動数f_3を求めなさい。

(　　　　　　　　　　)

3 音の速度の観測者方向の成分を考えればよい。

18 光の伝わり方

解答▸別冊P.10

POINTS

1 光の速さ……真空中の光の速さ（光速）c は振動数によらず一定であるとされる。

$c = 2.99792458 \times 10^8$ m/s $\fallingdotseq 3.0 \times 10^8$ m/s

2 光の反射……光は波の性質をもつので，反射の法則が成り立つ。

3 光の屈折……光は波の性質をもつので，屈折の法則が成り立つ。光が真空中から物質中へ進むときの相対屈折率を，その物質の**絶対屈折率**といい，単に屈折率という場合もある。

4 光の全反射……屈折率 n_1 の媒質Ⅰから屈折率 n_2 の媒質Ⅱへ入射角 i で入射する光の屈折角が r のときの相対屈折率 n_{12} は，$n_{12} = \dfrac{\sin i}{\sin r} = \dfrac{n_2}{n_1}$ となる。$n_1 > n_2$ のとき，入射角 i がある角度を超えると光は境界面ですべて反射する。これを**全反射**といい，このときの入射角 i_0 を**臨界角**という。全反射のとき屈折角 r は 90° になるので，$n_1 \sin i_0 = n_2 \sin 90°$ より，

$$\sin i_0 = \frac{n_2}{n_1} = n_{12}$$

5 凸レンズを通る光の進み方

① **レンズの中心を通る光**…レンズを通過後，同じ直線上を進む。

② **光軸に平行な光**…レンズを通過後，奥の焦点 F′を通る。

③ **焦点を通る光**…レンズを通過後，光軸に平行に進む。

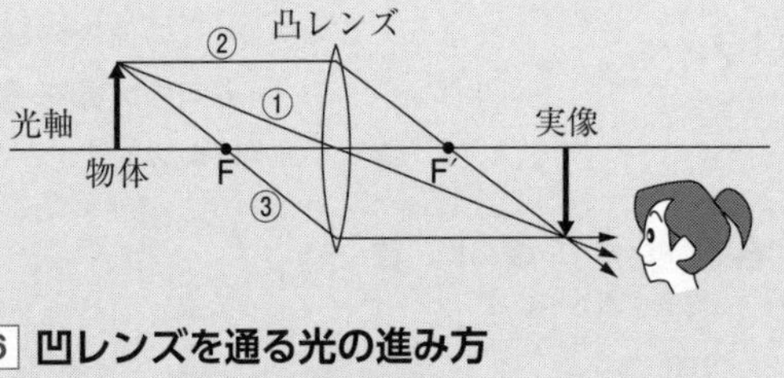

6 凹レンズを通る光の進み方

① **レンズの中心を通る光**…レンズを通過後，同じ直線上を進む。

② **光軸に平行な光**…レンズを通過後，手前の焦点Fから出たように進む。

③ **奥の焦点 F′に向かう光**…レンズを通過後，光軸に平行に進む。

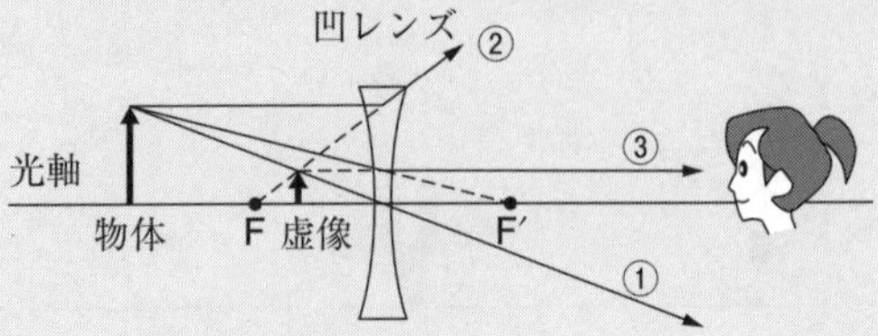

7 レンズの式……焦点距離を f，レンズから物体までの距離を a，レンズから像までの距離を b，像の倍率を m とすると，

$$\frac{1}{a} + \frac{1}{b} = \frac{1}{f} \qquad m = \left|\frac{b}{a}\right|$$

f：凸レンズのとき正，凹レンズのとき負。

b：実像のとき正，虚像のとき負。

8 平面鏡と球面鏡……鏡面が平面の鏡を**平面鏡**といい，球面の鏡を**球面鏡**という。

① **平面鏡**…鏡面で光が反射するときは，反射の法則が成り立つ。

② **球面鏡**…**凹面鏡**と**凸面鏡**がある。焦点は，凹面鏡は鏡の手前に1つ，凸面鏡は鏡の奥に1つある。

9 球面鏡での光の進み方

① **光軸に平行な光**…反射後，焦点 F を通る。

② **焦点 F を通る光**…反射後，光軸と平行に進む。

③ **球面の中心 O を通る光**…反射後，逆向きに進む。

※ 鏡面の接線に対して，反射の法則が成り立つともいえる。

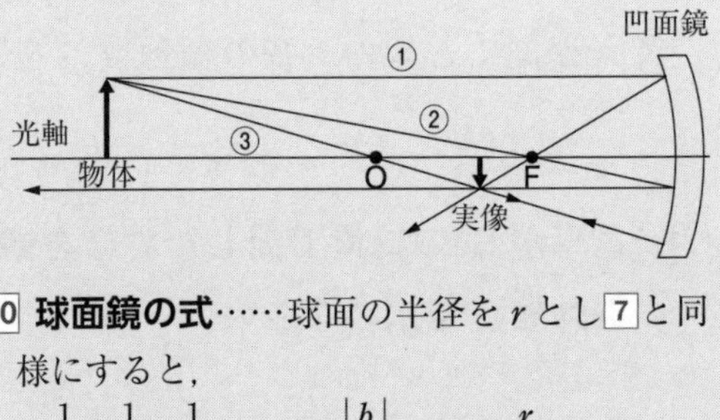

10 球面鏡の式……球面の半径を r とし7と同様にすると，

$$\frac{1}{a} + \frac{1}{b} = \frac{1}{f} \qquad m = \left|\frac{b}{a}\right| \qquad f \fallingdotseq \frac{r}{2}$$

f：凹面鏡のとき正，凸面鏡のとき負。

b：実像のとき正，虚像のとき負。

□ **1** 次の①・②に，レンズによってできる物体の像をかきなさい。

①凸レンズ

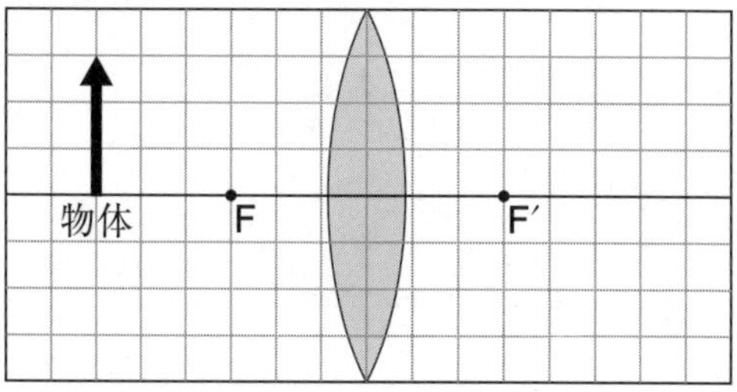

②凹レンズ

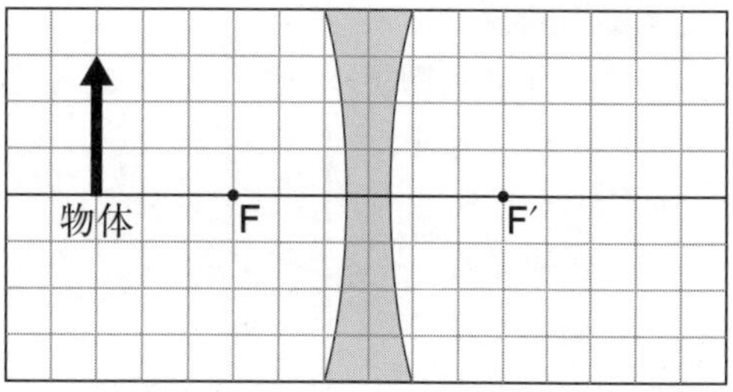

□ **2** レンズから明視の距離である 25 cm の位置に像ができるときの像の倍率をレンズの倍率という。焦点距離が 5 cm の虫眼鏡のレンズの倍率を求めなさい。

（　　　　　　　　　　）

Check

↳ **2** 虫眼鏡は凸レンズで虚像を見ている。目が最も見やすい距離を明視の距離という。

↳ **3** 三角形の相似を使ってレンズの式を求めることができる。

□ **3** 下図を用いて，次の問いに答えなさい。

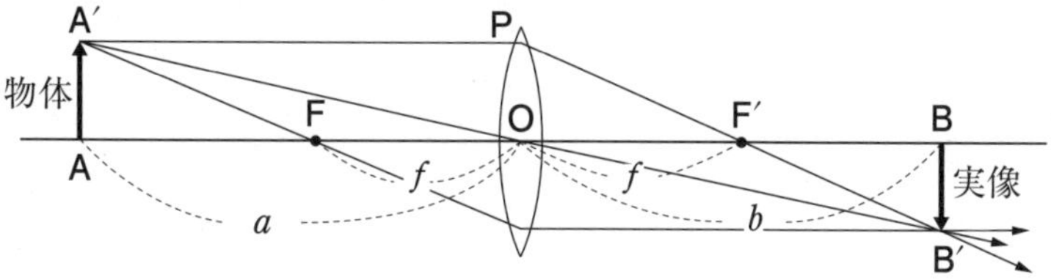

(1) レンズの式が $\frac{1}{a}+\frac{1}{b}=\frac{1}{f}$ となることを示しなさい。

（　　　　　　　　　　）

(2) 像の倍率が $m=\left|\frac{b}{a}\right|$ となることを示しなさい。

（　　　　　　　　　　）

□ **4** 右図のように，凸レンズ A，B を置いた。凸レンズ A の焦点距離が 12 cm，凸レンズ B の焦点距離が 8 cm，物体と凸レンズ A の距離が 24 cm，凸レンズ A と凸レンズ B の距離が 40 cm のとき，凸レンズ A，B を経てできる物体の像は，凸レンズ B から何 cm の位置にできるか求めなさい。

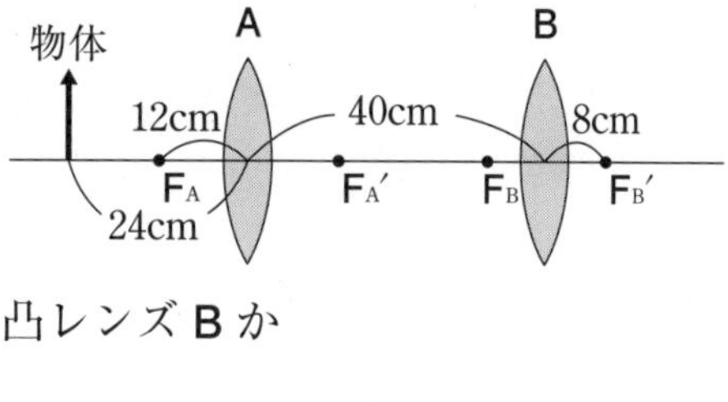

（　　　　　　　　　　）

19 光の干渉と回折

解答▸別冊P.10

POINTS

1 光の干渉と回折……スリットS_0を通って回折した光を，スリットS_1とS_2を通る2つの光に分けると，この2つの光が互いに干渉する。波長λの2つの光の経路差は，θが十分小さいとき，

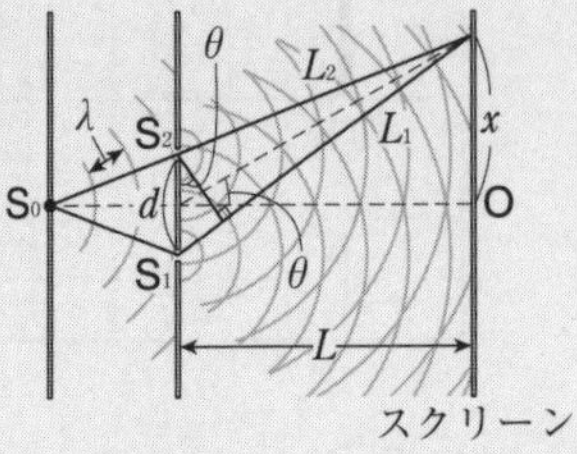

$$|L_1-L_2|=d\sin\theta \fallingdotseq d\tan\theta=\frac{dx}{L}$$

$m=0,\ 1,\ 2\cdots$とすると，スクリーン上に次の条件を満たす**干渉縞**ができる。

① **明線になる条件**

$$|L_1-L_2|=m\lambda \qquad x=\frac{mL\lambda}{d}$$

② **暗線になる条件**

$$|L_1-L_2|=\left(m+\frac{1}{2}\right)\lambda \qquad x=\left(m+\frac{1}{2}\right)\frac{L\lambda}{d}$$

③ **明線の間隔**

$$\Delta x=(m+1)\frac{L\lambda}{d}-m\frac{L\lambda}{d}=\frac{L\lambda}{d}$$

3 回折格子……多数の小さいスリットを並べたものを**回折格子**といい，隣り合うスリットの間隔を**格子定数**という。格子定数をdとすると，明線の条件は，次のようになる。

$$d\sin\theta=m\lambda \quad (m=0,\ 1,\ 2,\ \cdots)$$

4 薄膜による干渉

右図より，光路差$=2nd\cos r$

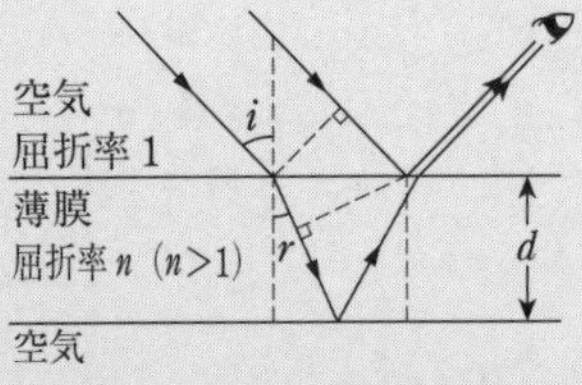

また，屈折率小の媒質から屈折率大の媒質に向かう光が反射するとき，位相がπ(半波長分)ずれる。逆の場合，位相はずれない。

① **強め合う条件**

$$2nd\cos r=\left(m+\frac{1}{2}\right)\lambda \quad (m=0,\ 1,\ 2,\ \cdots)$$

② **弱め合う条件**

$$2nd\cos r=m\lambda \quad (m=0,\ 1,\ 2,\ \cdots)$$

5 くさび形空気層による干渉

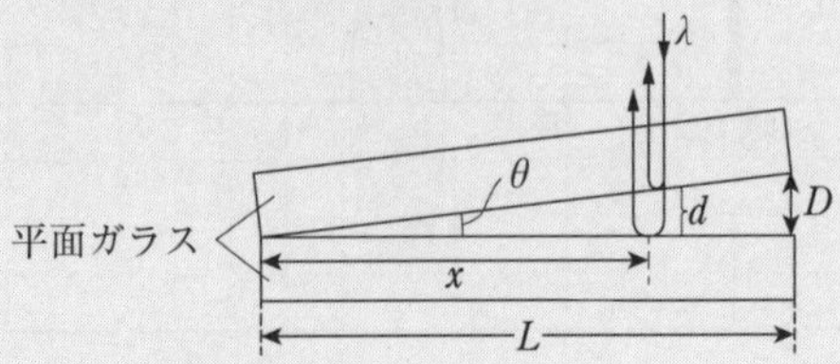

図の相似関係から，$\dfrac{d}{x}=\dfrac{D}{L}$

① **強め合う条件**

$$2d=\left(m+\frac{1}{2}\right)\lambda \quad (m=0,\ 1,\ 2,\ \cdots)$$

② **弱め合う条件**

$$2d=m\lambda \quad (m=0,\ 1,\ 2,\ \cdots)$$

③ **明線のできる位置**

$$x=\frac{L\lambda}{2D}\left(m+\frac{1}{2}\right) \quad (m=0,\ 1,\ 2,\ \cdots)$$

④ **明線の間隔**

$$\Delta x=\left(m+\frac{1}{2}+1\right)\frac{L\lambda}{2D}-\left(m+\frac{1}{2}\right)\frac{L\lambda}{2D}=\frac{L\lambda}{2D}$$

6 ニュートンリング……平面ガラスの上に平凸レンズを置いて，上から光を入射すると見られる干渉縞を**ニュートンリング**という。

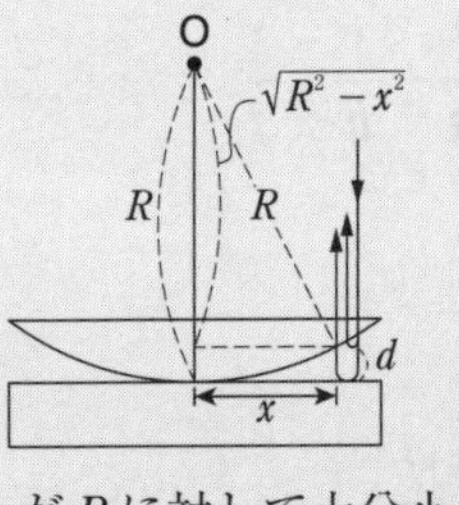

ニュートンリング

xがRに対して十分小さいとき，

$$d=R-\sqrt{R^2-x^2}=R-R\left\{1-\left(\frac{x}{R}\right)^2\right\}^{\frac{1}{2}}$$

$$\fallingdotseq R-R\left\{1-\frac{1}{2}\left(\frac{x}{R}\right)^2\right\}=\frac{x^2}{2R}$$

① **強め合う条件**

$$2d=\left(m+\frac{1}{2}\right)\lambda \quad (m=0,\ 1,\ 2,\ \cdots)$$

② **弱め合う条件**

$$2d=m\lambda \quad (m=0,\ 1,\ 2,\ \cdots)$$

③ **明線ができる位置(明環の半径)**

$$x=\sqrt{\left(m+\frac{1}{2}\right)R\lambda} \quad (m=0,\ 1,\ 2,\ \cdots)$$

④ **暗線ができる位置(暗環の半径)**

$$x=\sqrt{mR\lambda} \quad (m=0,\ 1,\ 2,\ \cdots)$$

□ **1** 次の文章中の□に適当な語句や式を記入しなさい。

右図のヤングの実験において，d や x が L に対して十分小さいとき S_1P と S_2P は ① とみなせる。また，S_1S_2 の垂直二等分線 OS と SP のなす角を θ とし，S_2 から S_1P に垂線を下ろした交点を S_1' とする。

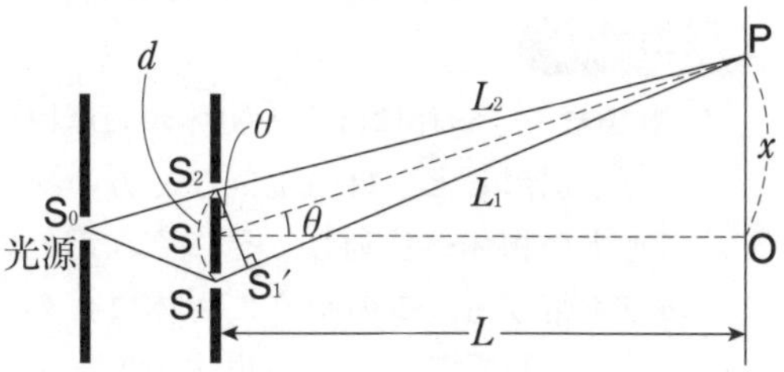

このとき，△OPS ∽ ② なので $\angle S_1S_2S_1'$＝ ③ である。また，$S_1S_2=d$ とすると経路差は，$|L_1-L_2|=d\sin\theta \fallingdotseq d\tan\theta=$ ④ となる。

□ **2** 眼鏡には，レンズでの反射を減少させるために，反射防止膜が利用されている。レンズに反射防止膜をコーティングすると，透過光線は強くなり，反射光線は弱くなる。屈折率 1 の空気中での光の波長を λ，反射防止膜の屈折率を n_1，レンズの屈折率を n_2 $(1<n_1<n_2)$，空気中から反射防止膜へ光が入射したときの屈折角を θ，反射防止膜の厚さを d として，次の各問いに答えなさい。

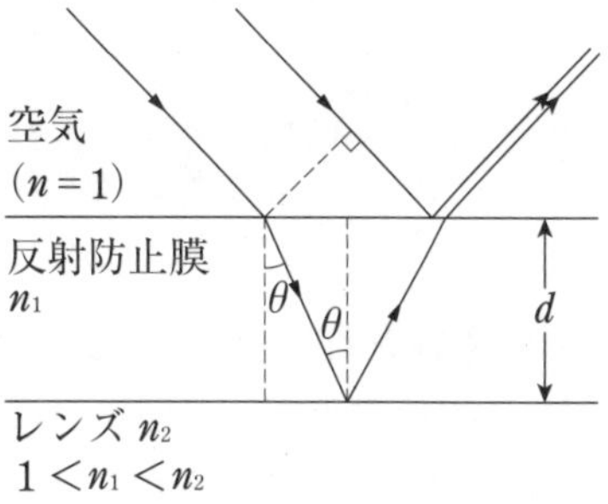

(1) 反射防止膜中での光の波長を求めなさい。

(　　　　　　　　　　)

(2) 反射防止膜の表面で反射する光と，レンズの表面で反射する光の光路差を求めなさい。

(　　　　　　　　　　)

(3) 反射光が弱め合うために必要な反射防止膜の厚さの最小値を求めなさい。ただし，$\theta \fallingdotseq 0$ とする。

(　　　　　　　　　　)

Check

↳ **2** 屈折率 n の媒質中での光の速さ v は，$v=\dfrac{c}{n}$ となり，媒質中を距離 L 進むのにかかる時間は，真空中を距離 nL 進むのにかかる時間と同じである。

nL を光路長，光路長の差を光路差という。

□ **3** 平面ガラスの上に球面の半径が R の平凸レンズを置いて，真上から波長 λ の光を入射して観察すると明暗の環が見えた。点 P での空気層の厚さを d として，点 P が最も暗くなる条件を求めなさい。ただし，$m=0,\ 1,\ 2,\ \cdots$ とする。

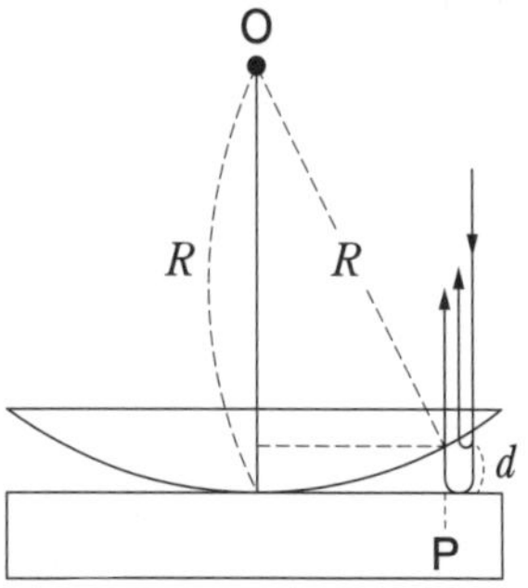

(　　　　　　　　　　)

20 静電気

解答▸別冊P.11

POINTS

1 静電気……物体にほかの物体から摩擦や強い力が加わると，負の電気が一方の物体から他方の物体へ移動し，それぞれ正と負の電気を帯びる。このように物体に蓄えられた電気を**静電気**といい，物体が電気を帯びることを**帯電**という。それぞれの物質が，正に帯電しやすいか，負に帯電しやすいかを表したものを**帯電列**という。両端のものどうしを用いるほど帯電しやすい。

＋ ⟷ －

毛皮　ガラス　ウール　ナイロン　木綿　木　人の皮膚　アルミニウム　紙　鉄　ステンレス　ゴム　ポリエステル　ポリスチレン　アクリル繊維　ポリプロピレン　塩化ビニル

2 静電気力……電気には正の電気と負の電気の2種類があり，同種の電気は反発し合い，異種の電気は引き合う。この力を**静電気力（クーロン力）**という。

3 電気量保存の法則……物体がもっている電気を**電荷**，電気の量を**電気量**という。電気量の単位には**クーロン**（記号 C）が用いられる。電子や陽子1個がもつ電気量の大きさを**電気素量**といい，その値は約 1.6×10^{-19} C と等しい。また，2つの物体間で電子が移動して帯電するとき，電子の移動前後で，電気量の総和は変化しない。これを，**電気量保存の法則（電荷保存の法則）**という。

4 クーロンの法則……2つの点電荷に作用する静電気力は，それぞれの電気量の積に比例し，距離の2乗に反比例する。これを**クーロンの法則**といい，点電荷の電気量をそれぞれ q_1，q_2〔C〕，距離を r〔m〕，静電気力の大きさを F〔N〕，比例定数を k とすると，

$$F=k\frac{|q_1||q_2|}{r^2}\quad (k\fallingdotseq 9.0\times10^9\ \mathrm{N\cdot m^2/C^2})$$

また，真空の誘電率（P.44 参照）を ε_0 とすると $k=\dfrac{1}{4\pi\varepsilon_0}$ となる。

□ **1** 図中の［　　］に適当な語句を記入しなさい。ただし，ストローはポリプロピレン，ティッシュペーパーは紙でできているとする。

ストローA，Bをティッシュペーパーで擦る。

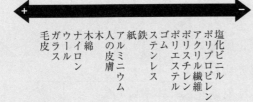

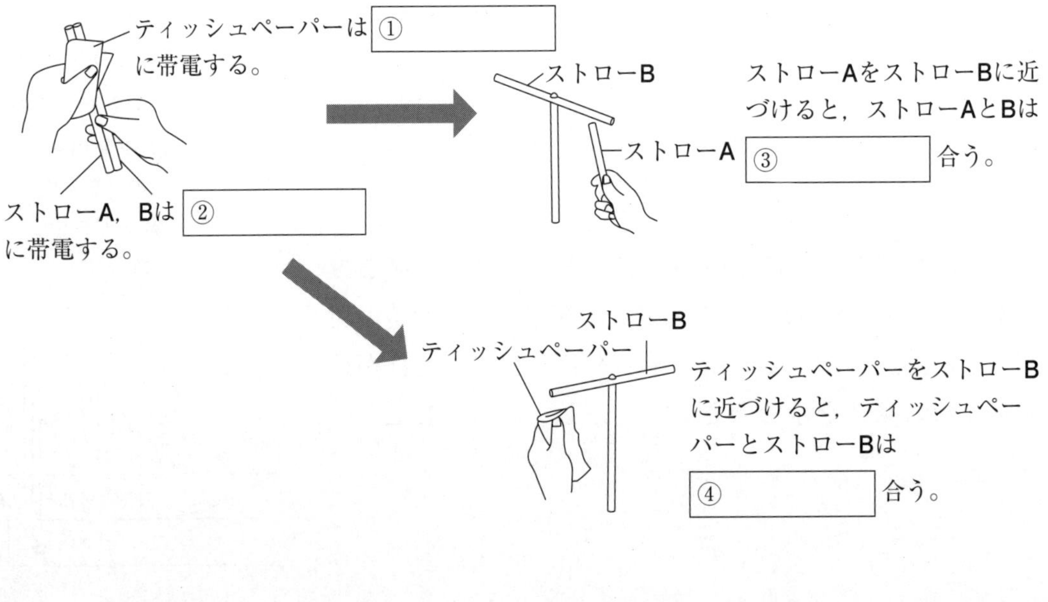
ティッシュペーパーは ① に帯電する。
ストローA，Bは ② に帯電する。
ストローB
ストローA
ストローAをストローBに近づけると，ストローAとBは ③ 合う。
ストローB
ティッシュペーパー
ティッシュペーパーをストローBに近づけると，ティッシュペーパーとストローBは ④ 合う。

□ **2** 質量 m の金属小球Aをおもりとした振り子がある。金属小球Aに負の電気量 $-q_1$ を与え，金属小球Aと同じ高さに正の電気量 q_2 をもつ金属小球Bを設置すると，金属小球AはBと同じ高さで静止した。AB間の距離を r，糸の鉛直線からの傾きを θ，重力加速度の大きさを g，糸が金属小球Aを引く力を T，クーロンの法則の比例定数を k として，次の各問いに答えなさい。

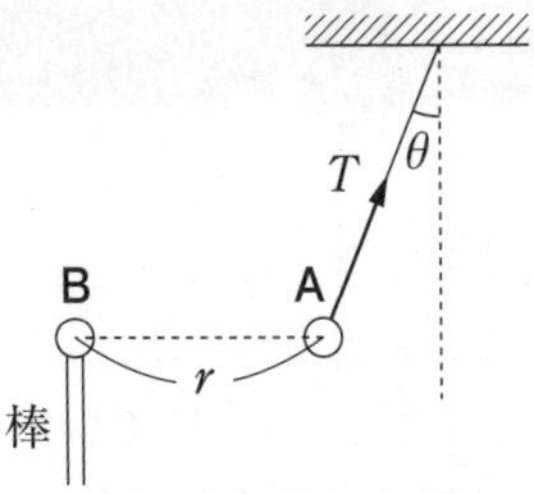

(1)　金属小球A，B間の静電気力の大きさを求めなさい。

(　　　　　　　　　　　　)

(2)　金属小球Aの鉛直方向の力のつり合いの式を書きなさい。ただし，上向きを正とする。

(　　　　　　　　　　　　)

(3)　金属小球Aの水平方向の力のつり合いの式を書きなさい。ただし，右向きを正とする。

(　　　　　　　　　　　　)

(4)　$\tan\theta$ を求めなさい。

(　　　　　　　　　　　　)

Check

↳ **2** 静電気力が引力か斥力かを考えて，力のつり合いを考えればよい。金属小球Aには，静電気力のほかに，重力と糸の張力がはたらく。

□ **3** 同じ材質・大きさの金属小球を2つ用意する。一方の金属小球には 6.0×10^{-8} Cの電気量を，もう一方の金属小球には -2.0×10^{-8} Cの電気量を与えた。クーロンの法則の比例定数を 9.0×10^{9} N·m²/C² として，次の各問いに答えなさい。

(1)　2つの金属小球を，空気中で0.20 m離して設置した。このとき，金属小球に作用する静電気力の大きさを求めなさい。

(　　　　　　　　　　　　)

(2)　2つの金属小球を一度接触させてから，再び0.20 m離した。このとき，金属小球に作用する静電気力の大きさを求めなさい。

(　　　　　　　　　　　　)

↳ **3** 接触後の2つの金属小球の電気量は等しくなる。

㉑ 電場と電位

🖉 POINTS

1 電場……電荷に対して静電気力をおよぼす空間を**電場**という。+1 C の電荷に作用する力が 1 N のとき,この電場の強さを 1 N/C(= 1 V/m)とする。電場 $\vec{E}$ の点にある電気量 q の電荷に作用する静電気力が $\vec{F}$ のとき,

$$\vec{F}=q\vec{E}$$

真空中に q〔C〕の点電荷を置くと,r〔m〕離れた点における電場の強さは,クーロンの法則の比例定数 k を用いて,

$$E=k\frac{q}{r^2}\text{〔N/C〕}$$

2 電場の重ね合わせ……各電荷によって生じる電場ベクトル $\vec{E_1}$, $\vec{E_2}$, …を合成した合成電場 $\vec{E}$ は,$\vec{E}=\vec{E_1}+\vec{E_2}+\cdots$ で表される。

3 電気力線……電気力線は,正の電荷から出て負の電荷に入る。電気力線の接線方向が,その点における電場の向きである。

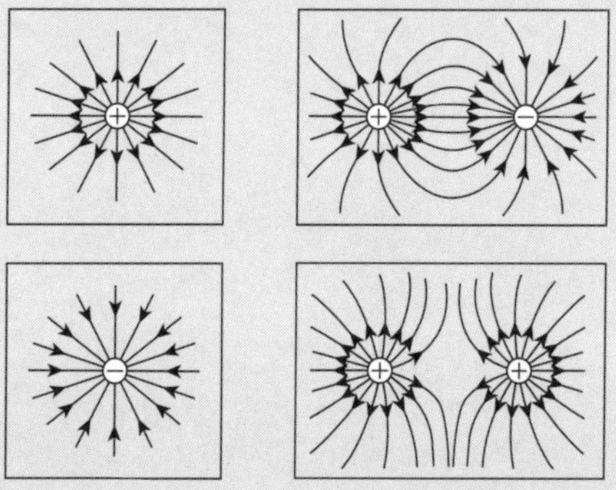

電気力線は,その密度で電場の強さを示し,

電場の強さが E の点では,電場に垂直な単位面積 1 m² あたりの本数が E 本と考える。よって,電場に垂直な面積 S の面を貫く電気力線の総本数 N は,$N=ES$ となる。

4 電位……+1 C あたりの静電気力による位置エネルギーを**電位**という。1 C の正電荷を運ぶのに要する仕事が電位なので単位は J/C となり,これを**ボルト**(記号 V)と定義する。よって,**1 V は 1 C の正電荷を運ぶのに 1 J の仕事を要するときの 2 点間の電位差**となる。

① **一様な電場の電位**…強さ E の一様な電場の中に電気量 q の正電荷を置くと,電場の方向に $F=qE$ の力を受ける。AB 間の距離を d とすると,AB 間の電位差 V は,

$$V=\frac{qEd}{q}=Ed$$

② **点電荷のまわりの電位**…電気量 Q の正の点電荷 Q を原点 O に置き,距離 r だけ離れた位置に電気量 q の正の点電荷 q を置く。作用する静電気力は,$F=k\frac{Qq}{r^2}$ であり,q を Q からゆっくり引き離して距離 r を無限大にするときの仕事は,$W=k\frac{Qq}{r}$ となる。よって,点電荷の周りの静電気力による,無限遠を基準とする位置エネルギー U と電位 V は,

$$U=k\frac{Qq}{r} \qquad V=k\frac{Q}{r}$$

□ **1** 図中の□□に適当な語句や式を記入しなさい。ただし,クーロンの法則の比例定数を k とする。

電場の強さ
= ① □□□□ N/C

球面 1 m² あたりの電気力線の本
= ② □□□□ 本

1m²

電気力線の総本数 = ③ □□□□ 本

これを ④ □□□□ の法則という。

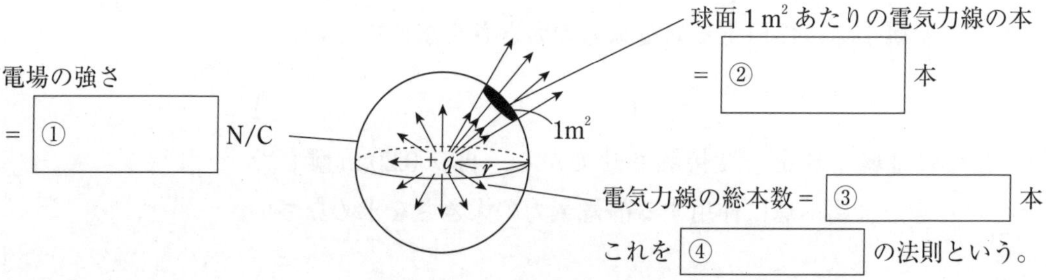

□ **2** 一様な電場内で，電場の方向に 2.0 m 離れた 2 点間の電位差が 15 V である。次の各問いに答えなさい。

(1) 電場の強さを求めなさい。

(　　　　　　　　　　　)

(2) この電場の中に置かれた 2.0 C の点電荷が，電場から受ける力の大きさを求めなさい。

(　　　　　　　　　　　)

(3) (2)の電荷を，電場の向きに逆らって 2 点間をゆっくりと動かすのに必要な仕事を求めなさい。

(　　　　　　　　　　　)

Check

2 電場の強さの単位は N/C または V/m である。よって，

$W=Fd=qV$

□ **3** 右図のように，電気量 q の点電荷 A と電気量 $-q$ の点電荷 B を距離 r だけ離れた位置に置いた。クーロンの法則の比例定数を k，電位の基準を無限遠として，次の各問いに答えなさい。

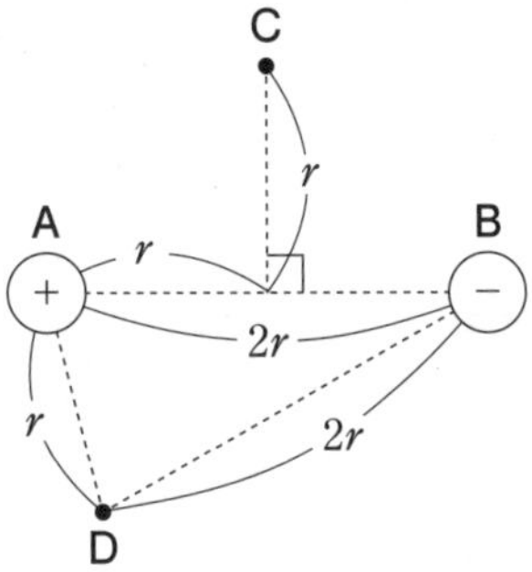

(1) 点 C における電場の強さを求めなさい。

(　　　　　　　　　　　)

(2) 点 C の電位を求めなさい。

(　　　　　　　　　　　)

(3) 点 D の電位を求めなさい。

(　　　　　　　　　　　)

(4) 1 C の単位正電荷を点 C から点 D にゆっくりと動かすのに必要な仕事を求めなさい。

(　　　　　　　　　　　)

3 (1)正の点電荷から遠ざかる向き(＝負の点電荷に近づく向き)に電場が生じる。

(4)電気量 q の点電荷を，電位差 V の 2 点間をゆっくりと動かすときの仕事 W は，

$W=qV$

22 物質と電場・コンデンサー

解答▸別冊P.12

POINTS

1 静電誘導……導体に帯電体を近づけると，帯電体に近い側に異種の電気が，遠い側に同種の電気が現れる現象を**静電誘導**という。

2 誘電分極……不導体に帯電体を近づけると，不導体の構成粒子の電気が偏る現象を**誘電分極**という。不導体を**誘電体**ともいう。

3 コンデンサー……2つの導体を向かい合わせて電気を蓄えやすくした装置を**コンデンサー**といい，電荷を蓄える導体を**極板**という。

① **電気容量**…極板間を1Vの電位差で充電したときに蓄えられる電気量を**電気容量**といいCで表す。単位はC/Vとなるが，これを**ファラド**(記号F)と定義する。

② **平行板コンデンサー**…2枚の極板を平行に向かい合わせたコンデンサーを**平行板コンデンサー**という。極板Aを接地し，極板Bに$+Q$の正電荷を与えると，静電誘導によって極板Aには$-Q$の負電荷が生じる。電荷は金属極板の上に一様に分布する。極板間距離をd，極板面積をS，クーロンの法則の比例定数をkとすると，

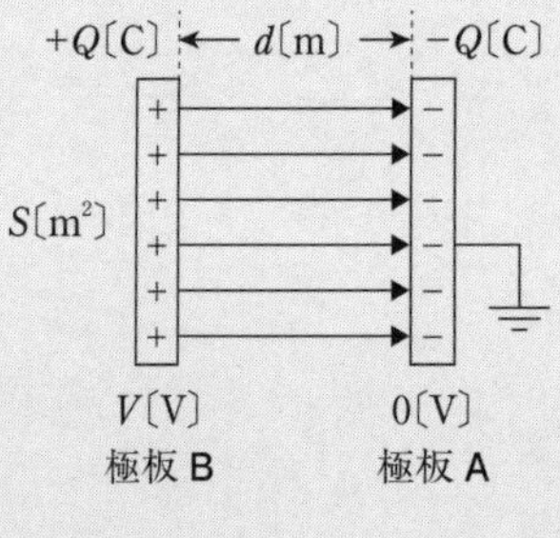

コンデンサーの電気量：$Q=CV$

電気容量：$C=\dfrac{1}{4\pi k}\cdot\dfrac{S}{d}$

③ **誘電率**…電気容量の比例定数を**誘電率**ε(単位F/m)といい，極板間の誘電体の種類で決まる。真空の誘電率ε_0に対する比を**比誘電率**ε_rといい，$\varepsilon_r=\dfrac{\varepsilon}{\varepsilon_0}$となる。誘電率$\varepsilon$を用いると電気容量は，

$$C=\frac{1}{4\pi k}\cdot\frac{S}{d}=\varepsilon\frac{S}{d}\quad\left(\varepsilon=\frac{1}{4\pi k}\right)$$

単位面積あたりの電気力線の本数と電場の強さは等しいので，

$$E=\frac{4\pi kQ}{S}=\frac{Q}{\varepsilon S}$$

また，極板間の電位差$V=Ed$を変形すると，コンデンサーの電気量を求めることができる。

$$V=Ed=\frac{Q}{\varepsilon S}d \quad ➡ \quad Q=\varepsilon\frac{S}{d}V=CV$$

④ **静電エネルギー**…充電されたコンデンサーに蓄えられているエネルギーを**静電エネルギー**といい，静電エネルギーUは，

$$U=\frac{1}{2}QV=\frac{1}{2}CV^2=\frac{Q^2}{2C}$$

4 コンデンサーの接続

① **並列接続**…全体の電気量は各コンデンサーの電気量の和となるので，$Q=Q_1+Q_2=C_1V_1+C_2V_2$となる。また，$V_1=V_2=V$より，$Q=(C_1+C_2)V=CV$となる。よって，合成容量は，

$$C=C_1+C_2\quad\left(一般に，C=\sum_{i=1}^{n}C_i\right)$$

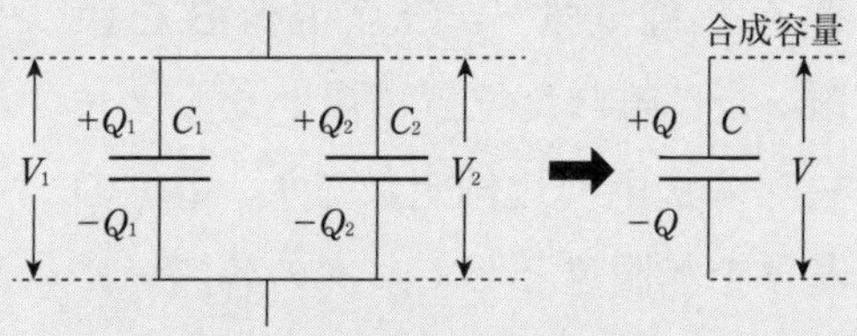

② **直列接続**…未充電のコンデンサーを直列接続したとき，異極どうしで接続された部分の電気量の合計は0になる。全体の電圧は各コンデンサーの電圧の和となるので，$V=V_1+V_2=\dfrac{Q}{C_1}+\dfrac{Q}{C_2}=\left(\dfrac{1}{C_1}+\dfrac{1}{C_2}\right)Q=\dfrac{Q}{C}$となる。よって，合成容量は，

$$\frac{1}{C}=\frac{1}{C_1}+\frac{1}{C_2}\quad\left(一般に，\frac{1}{C}=\sum_{i=1}^{n}\frac{1}{C_i}\right)$$

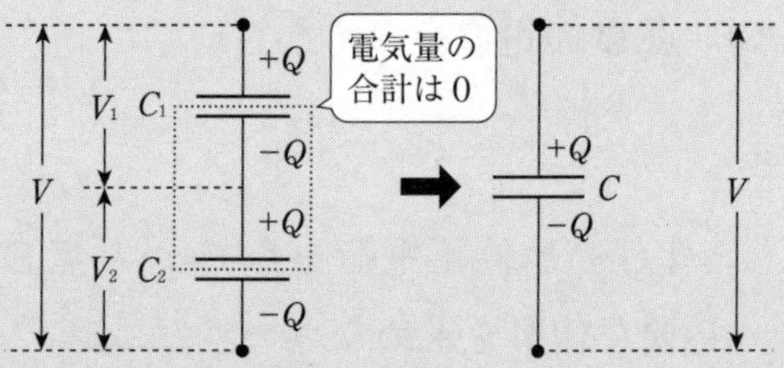

□ **1** 200 V で充電した 3 F のコンデンサーと 300 V で充電した 1 F のコンデンサーを下図のように接続した。図中の□に適当な数値を記入しなさい。

正極と正極を接続した場合

$Q_1 =$ ① [　　　　] C

$V_1 =$ ② [　　　　] V

正極と負極を接続した場合

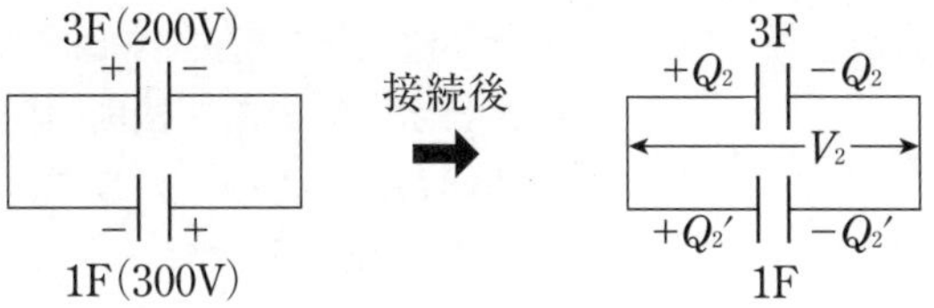

$Q_2 =$ ③ [　　　　] C

$V_2 =$ ④ [　　　　] V

□ **2** 極板間距離 d，極板面積 S，誘電率 ε_0 の平行板コンデンサーに電気量 Q が充電されている。このコンデンサーに厚み L，断面積 S，比誘電率 ε_r の誘電体を挿入した。次の各問いに答えなさい。

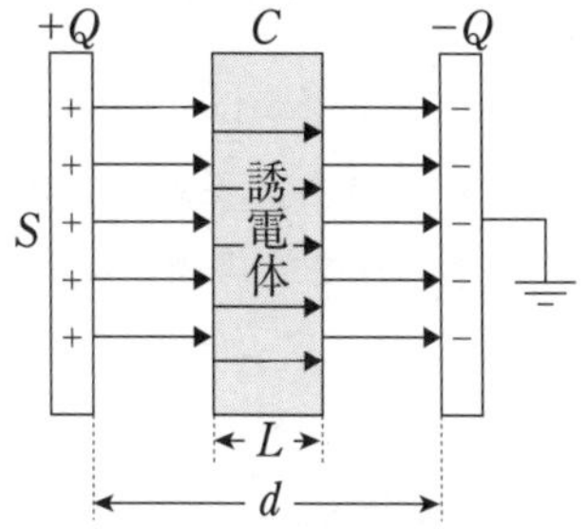

(1) 誘電体がない空間の電場の強さを求めなさい。

(　　　　　　　　)

(2) 誘電体内部の電場の強さを求めなさい。

(　　　　　　　　)

(3) 誘電体を挿入したコンデンサーの電気容量を求めなさい。

(　　　　　　　　)

Check

↳ **2** $V=Ed$

□ **3** 電気容量がそれぞれ C，$2C$，$3C$ の充電されていないコンデンサー C_1，C_2，C_3 が，スイッチ S_1，S_2 とともに，右図のように端子電圧が E の電池に接続され，スイッチはすべて開いている。次の各問いに答えなさい。

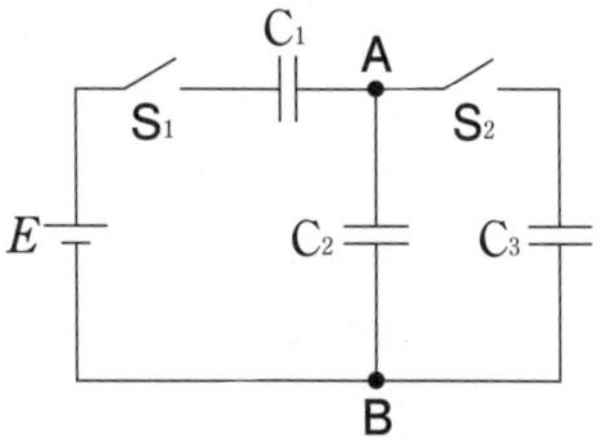

(1) S_1 を閉じて十分に時間が経過したときの AB 間の電位差を求めなさい。

(　　　　　　　　)

(2) (1)の後，S_1 を開いてから S_2 を閉じて十分に時間が経過したときの AB 間の電位差を求めなさい。

(　　　　　　　　)

↳ **3** スイッチ回路の問題は，電気量保存の法則を利用して考えればよい。

23 直流回路

解答▸別冊P.12

POINTS

1 電流……導体の長さをL，断面積をS，$1\,m^3$あたりの自由電子数をn，導体の両端の電圧をVとする。電気素量をeとすると，導体中の総電子数Nは，$N=nSL$となり，導体中の総電気量Qは，$Q=eN=enSL$となる。また，これらの電子が平均の速さvで長さLの導体を移動するのに要する時間tは，$t=\frac{L}{v}$である。電流Iは，**ある断面を1秒間に通過する電気量の大きさ**なので，

$$I=\frac{Q}{t}=\frac{enSL}{\frac{L}{v}}=envS$$

よって，$1\,A=1\,C/s$ともいえる。

2 オームの法則……導体中の電場$E=\frac{V}{L}$により，自由電子は$F=eE=\frac{eV}{L}$の力を受ける。また，自由電子が一定の速さvで進むとすると，速さに比例した抵抗力$f=kv$（kは比例定数）を受ける。よって，力のつり合いより，$F-f=\frac{eV}{L}-kv=0$となり，$v=\frac{eV}{kL}$となる。

これを用いると，

$I=envS=en\frac{eV}{kL}S=\frac{ne^2S}{kL}V$より，$V=\frac{kL}{ne^2S}I$となる。

抵抗$R=\frac{k}{ne^2}\cdot\frac{L}{S}=\rho\frac{L}{S}$とすると，オームの法則$V=RI$となり，**抵抗率**$\rho=\frac{k}{ne^2}$となる。

3 抵抗率の温度変化……物質の0℃での抵抗率をρ_0とすると，温度t〔℃〕での抵抗率ρは，

$$\rho=\rho_0(1+\alpha t)$$

αを**抵抗率の温度係数**といい，1K（1℃）の温度上昇あたりの抵抗率の増加の割合を表す。

4 電池の起電力と内部抵抗……電池には**内部抵抗**rがあり，電池によって生じる電圧を**起電力**E，電池の両極間の電圧を**端子電圧**Vという。端子電圧Vと外部抵抗Rの間には$V=RI$の関係があるので，

$E=(R+r)I=RI+rI=V+rI$より，

$$V=E-rI$$

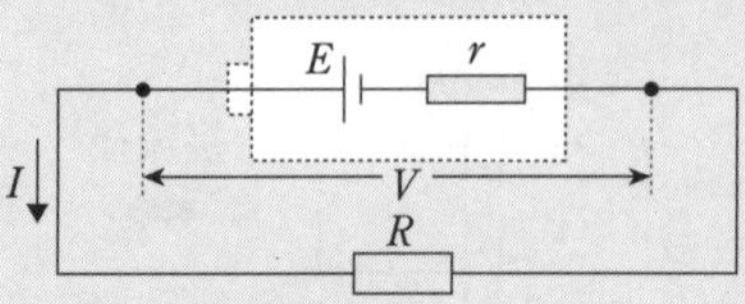

5 キルヒホッフの法則

① **キルヒホッフの第1法則**…回路中の任意の点において，その点に流入する電流の和と，流出する電流の和は等しい。

② **キルヒホッフの第2法則**…回路中の任意の閉回路内において，起電力の和と，電圧降下の和は等しい。

6 ホイートストンブリッジ……電流計や電圧計を使って抵抗値を測定すると，内部抵抗により精密な測定ができない。精密に測定する場合は，ホイートストンブリッジを用いる。下図において，可変抵抗R_3の値を調節し，検流計に電流が流れないようにして，未知の抵抗R_xを求める。

$$V_{cd}=V_{cb}-V_{db}=\frac{R_3}{R_1+R_3}E-\frac{R_x}{R_2+R_x}E$$

$$=\frac{R_2R_3-R_1R_x}{(R_1+R_3)(R_2+R_x)}E$$

$V_{cd}=0$なので，$R_2R_3-R_1R_x=0$より，

$$R_x=\frac{R_2}{R_1}R_3$$

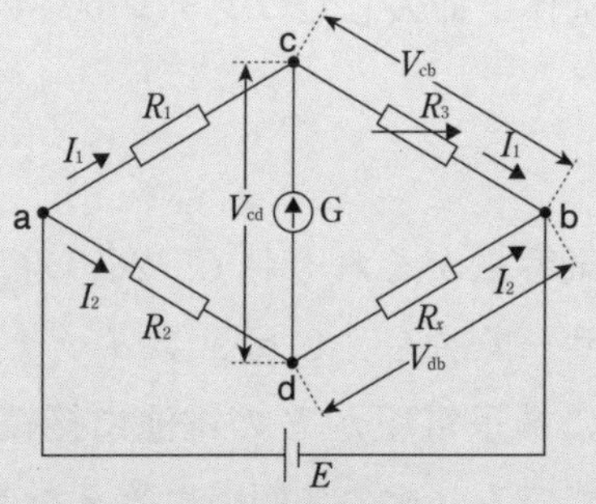

7 コンデンサーを含む回路……コンデンサーを含む回路では，回路を閉じた直後から充電が終わるまでの間，コンデンサーに蓄えられた電気量によって回路を流れる電流の大きさは変化する。これは，コンデンサーから放電するときも同様である。

□ **1** 銅の1m^3 あたりの自由電子の数を 1.0×10^{29} 個として，図中の□□に適当な語句や数値を記入しなさい。

断面積 ＝1mm^2　1A→　自由電子1個の電気量の大きさ ＝1.6×10^{-19}C

自由電子の平均の速さは，

電子は導体棒中を ① □□□□ 向きに進む。

導体棒(銅)

② □□□□ m/s

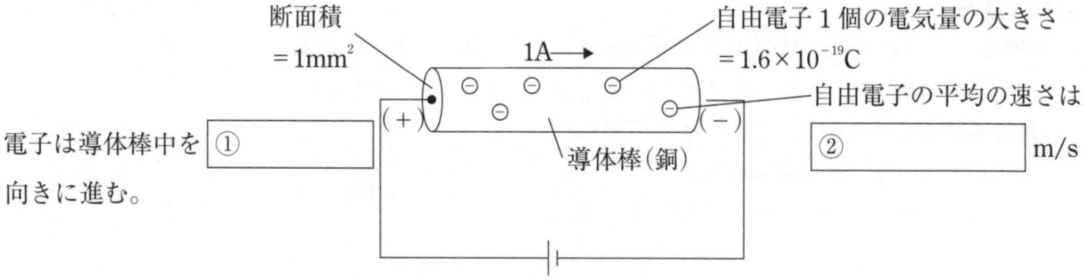

□ **2** 右図のように，抵抗 R_1，R_2，R_3 と電池 E_1，E_2，E_3 を含む回路がある。R_1，R_2，R_3，および E_1，E_2，E_3 の値をそれぞれ，1Ω，2Ω，3Ω，2V，3V，4Vとして，次の各問いに答えなさい。

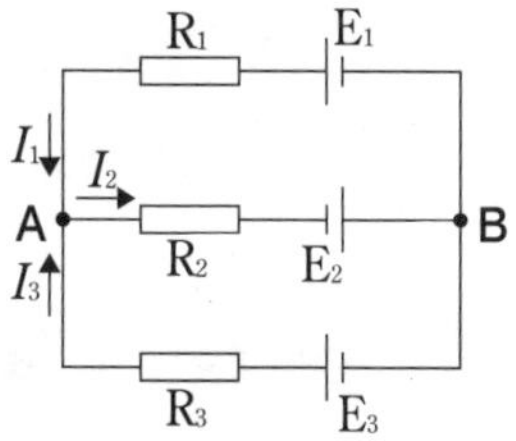

(1) 抵抗 R_1 に流れる電流の大きさを求めなさい。

（　　　　　　　）

(2) 抵抗 R_2 に流れる電流の大きさを求めなさい。

（　　　　　　　）

(3) 抵抗 R_3 に流れる電流の大きさを求めなさい。

（　　　　　　　）

◆Check

↳ **2** キルヒホッフの法則を適用する。

□ **3** 起電力が E の電池 E，太さが一様で単位長さあたりの抵抗が r の抵抗線 AB をつないで主回路を組み，起電力が E_s の電池 E_s，起電力が未知の電池 E_x，検流計を主回路につなぐ。電池 E_x の起電力を求めなさい。ただし，スイッチを S_1 に接続したときに検流計の値が0となる点を P_s，スイッチを S_2 に接続したときに検流計の値が0となる点を P_x とし，$AP_s = L_s$，$AP_x = L_x$ とする。

（　　　　　　　　　）

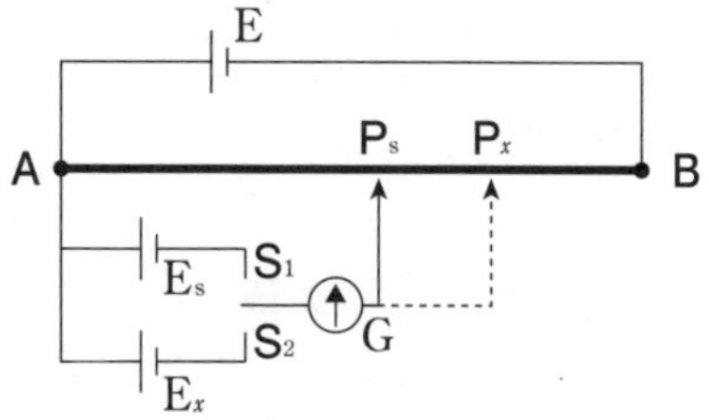

↳ **3** AB のような抵抗線を用いた回路を**メートルブリッジ**という。また，このように電池の起電力を測定できる回路を**電位差計**という。

□ **4** 起電力が E，内部抵抗が r の電池 E に，抵抗値 R の抵抗を接続した。抵抗で消費する電力 P が最大になる R の値を求めなさい。

（　　　　　　　）

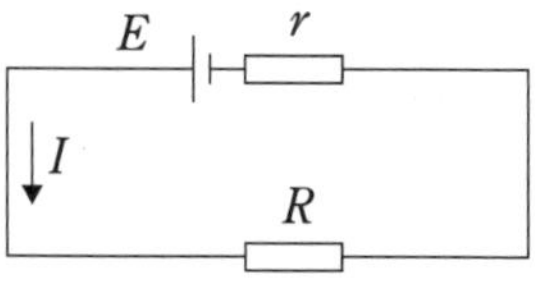

24 半導体

解答▸別冊P.13

POINTS

1 半導体……導体と絶縁体の中間の抵抗率をもつ物質を**半導体**という。ケイ素(Si)などを**真性半導体**といい，ケイ素などに不純物を添加したものを**不純物半導体**という。

① **n型半導体**…電子をキャリアとする半導体。

② **p型半導体**…ホール(正孔)をキャリアとする半導体。

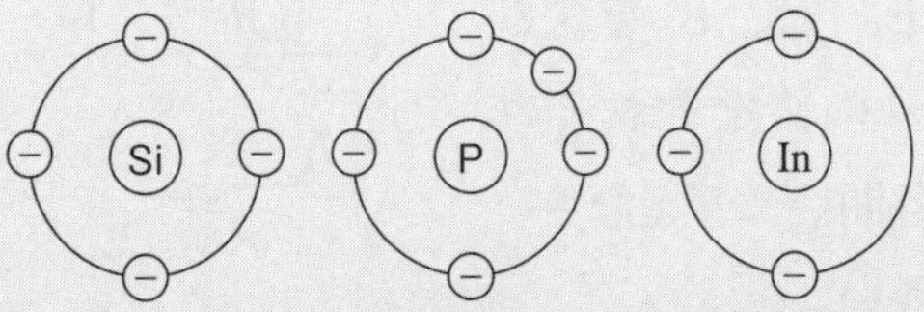

価電子数4　　価電子数5　　価電子数3

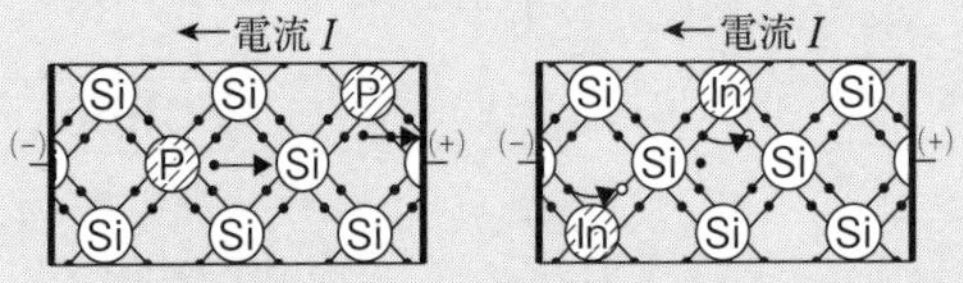

n型半導体(•電子)　　p型半導体(•電子, ∘正孔)

2 ダイオード……p型半導体とn型半導体を接合した**pn接合**の両端に金属の電極を取りつけたものを**ダイオード**という。

① **順方向**…p型を正極，n型を負極に接続して直流電圧をかけると電流が流れる。この接続を**順方向**という。

② **逆方向**…n型を正極，p型を負極に接続して直流電圧をかけると電流は流れず，接合部付近にはキャリアの存在しない**空乏層**ができる。この接続を**逆方向**という。

③ **整流作用**…p型からn型へ向かう一方向にしか電流を流さない性質を**整流作用**という。この性質を利用すると，ダイオードの両端にかけた交流電圧から，順方向のときのみに流れる直流(脈流)が得られる。

3 トランジスタ……n型半導体とp型半導体の2種類の半導体を3層構造にしたものを**トランジスタ**といい，npn型とpnp型がある。どちらのトランジスタも，エミッタ・ベース(EB)間は**順方向**に，ベース・コレクタ(BC)間は**逆方向**に接続する。

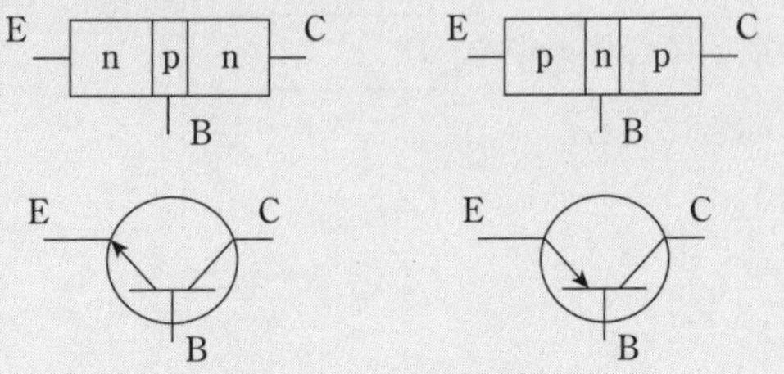

npn型トランジスタ　　pnp型トランジスタ

① **npn型トランジスタ**…BE間は順方向なので，EからBに電子が移動する。この電子は，Bのホールと結びつくものと，CB間が逆方向のためにBからCに移動するものがある。Bが非常に薄いとき，EからBに移動した電子のほとんどがCに移動する。

これを電流で考えると，BからEに流れる電流(ベース電流)とCからEに流れる電流(コレクタ電流)の和がEに流れる電流(エミッタ電流)となる。

② **pnp型トランジスタ**…EB間は順方向なので，EからBにホールが移動する。このホールは，Bの電子と結びつくものと，BC間が逆方向のためにBからCに移動するものがある。Bが非常に薄いとき，EからBに移動したホールのほとんどがCに移動する。

これを電流で考えると，EからBに流れる電流(ベース電流)とEからCに流れる電流(コレクタ電流)の和がEから流れる電流(エミッタ電流)となる。

③ **増幅作用**…トランジスタは，小さなベース電流で大きなコレクタ電流を制御することができ，これを**増幅作用**という。

④ **スイッチング作用**…トランジスタは，ベース電流を制御することでオンとオフの切り換えができ，これを**スイッチング作用**という。

□ **1** 次の文章中の□に適当な言葉や記号を記入しなさい。

Si や①□などの 14 属の元素に P などの②□属の元素を不純物として微量加えたものが③□型半導体である。このとき，電荷を運ぶ担い手になるのは④□である。また，Ga などの 13 属の元素を微量加えたものが⑤□型半導体で，このときは⑥□が電荷の担い手になる。この 2 種類の半導体を⑦□接合したものが⑧□であり，⑨□型半導体側を電池の正極に接続して電圧を加えると電流が流れる。

□ **2** 図 1 のような回路を組んだ。このダイオードの電流－電圧特性は図 2 のようになる。電池の起電力を 1.5 V とし，内部抵抗は無視できるものとして，次の各問いに答えなさい。

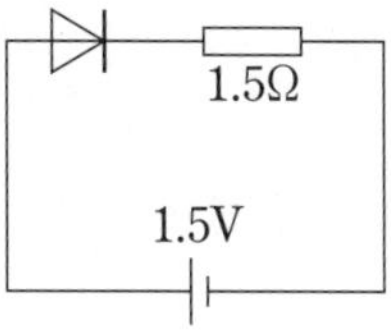

〔図 1〕

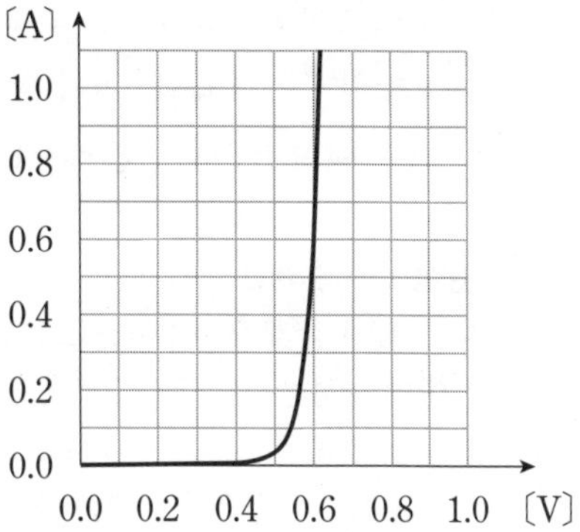

〔図 2〕

(1) 回路に流れる電流を，図 2 を使って求めなさい。

(　　　　　)

(2) 抵抗にかかる電圧を求めなさい。

(　　　　　)

(3) ダイオードの消費電力を求めなさい。

(　　　　　)

✔Check

↳ **2** キルヒホッフの第 2 法則を用いる。

□ **3** pnp 型トランジスタを用いて右図のように回路を組んだ。次の各問いに答えなさい。

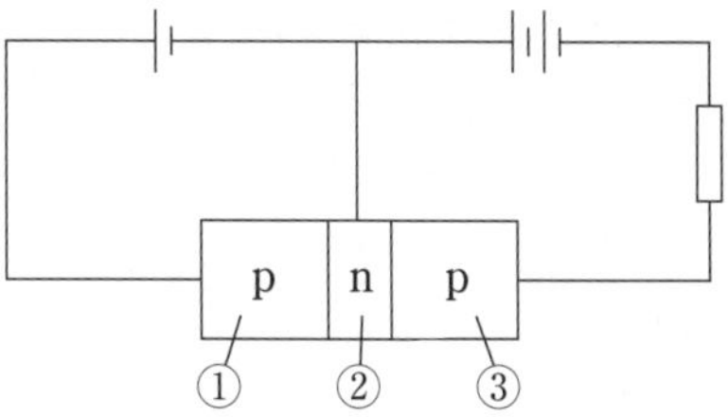

(1) 回路に組んだトランジスタのエミッタ，ベース，コレクタは，それぞれどれか，エミッタ，ベース，コレクタの順に並ぶように，①～③の記号で答えなさい。

(　　　　　)

(2) エミッタ・ベース間，コレクタ・ベース間のうち，逆方向の電圧がかかっているのはどちらか答えなさい。

(　　　　　)

↳ **3** トランジスタの電位は，pnp 型なら，E＞B＞C となる。また，npn 型なら，C＞B＞E となる。

25 磁　場

解答▸別冊P.13

POINTS

1 磁力と磁気量……磁石の磁極間にはたらく引力や斥力を**磁力(磁気力)**という。磁極の強さを**磁気量**といい，N極を正，S極を負とし，単位はウェーバ(記号 Wb)を用いる。N極とS極は必ずペアで存在する。

2 磁力の大きさ……静電気力と磁力は似ており，磁気量 m_1，m_2 で磁極間距離 r の磁極間にはたらく磁力の大きさ F は，

$$F=k_m\frac{m_1 m_2}{r^2}\quad (k_m \text{は比例定数})$$

これを，**磁気力に関するクーロンの法則**という。

3 磁場……磁極はその周囲にほかの磁極に力をおよぼす空間をつくり，これを**磁場**という。

① **磁場の向き**…N極が受ける磁力の向き。

② **磁場の強さ**…N極が1Wbあたりに受ける磁力の大きさで，単位はN/Wbで表す。

③ **磁場ベクトル**…磁場の向きと強さは，磁場ベクトル $\vec{H}$ で表す。$\vec{H}$ 内の点に置いた磁気量 m の磁極が受ける力 $\vec{F}$ は，

$$\vec{F}=m\vec{H}$$

④ **磁場の重ね合わせ**…任意の点における合成磁場 $\vec{H}$ は，各磁極によって生じる磁場ベクトル $\vec{H_1}$，$\vec{H_2}$，…を合成したものとなり，$\vec{H}=\vec{H_1}+\vec{H_2}+\cdots$ で表される。

4 磁力線……磁場のようすを表す線を**磁力線**という。磁力線はN極から出てS極に入る。磁力線の接線方向は，その点における磁場の向きを示す。また，電気力線と同様に，磁力線の密度で磁場の強さを示す。

5 磁化と磁性……鉄などが磁石の性質をもつことを**磁化**という。

① **強磁性体**…鉄のように，磁石から強い引力を受けるものを**強磁性体**という。

② **常磁性体**…アルミニウムのように，磁石から弱い引力を受けるものを**常磁性体**という。

③ **反磁性体**…水や銅のように，磁石から弱い斥力を受けるものを**反磁性体**という。

6 電流がつくる磁場

① **直線電流がつくる磁場**…直線電流がつくる磁場の向きは，電流の向きと右ねじの進む向きを合わせたときに，右ねじを回す向きとなる。これを，**右ねじの法則**という。また，十分に長い直線電流が距離 r の点につくる磁場の強さ H は，電流の大きさを I とすると，

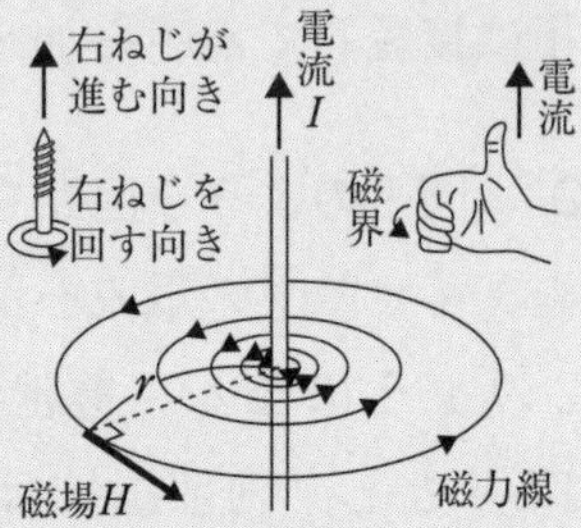

$$H=\frac{I}{2\pi r}\,〔\mathrm{A/m}〕\quad (1\,\mathrm{A/m}=1\,\mathrm{N/Wb})$$

② **円形電流がつくる磁場**…円形電流でも右ねじの法則が成り立つ。円の中心での磁場の強さ H は，

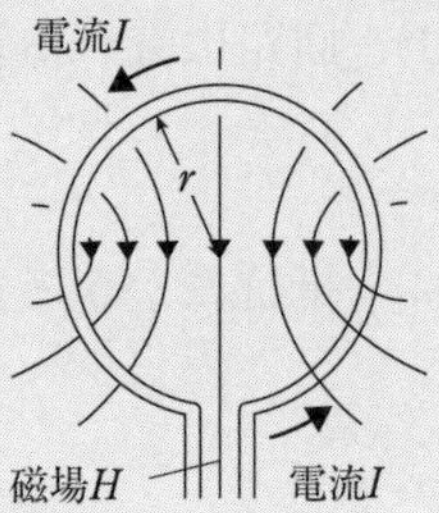

$$H=\frac{I}{2r}$$

導線の巻数が N の場合，$H=N\dfrac{I}{2r}$ となる。

③ **ソレノイドがつくる磁場**…導線を円筒状に巻いたコイルを**ソレノイド**という。ソレノイドでも右ねじの法則が成り立つ。また，ソレノイドの内部には，両端を除くと磁場の向きと強さが一定の磁場が生じ，内部の一様な磁場の強さ H は1mあたりの巻数 n を用いると，

$$H=nI$$

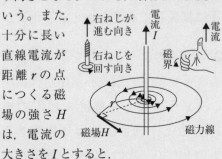

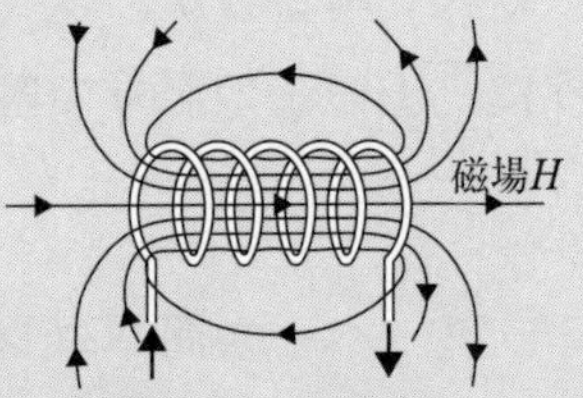

□ **1** 内部の磁場の強さが H のソレノイドがある。磁気量 $+m$ の磁極を図の A → B → C → D → A と1周させる場合の仕事 W を，次の文章中の □ に適当な式や数値を記入して求めなさい。

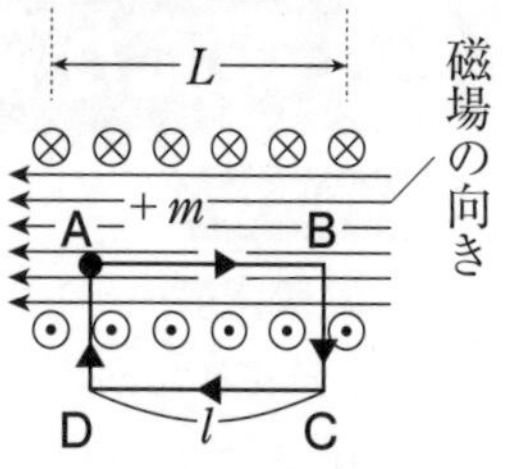

ソレノイドの断面図

A → B へ移動するとき，$+m$ の磁極には磁場の向きに $F=mH$ の力が作用するので，A → B へ移動するのに外力がする仕事 W_{AB} は ① □ となる。B → C へ移動するとき，磁力線に対して垂直に移動するので，B → C へ移動するのに外力がする仕事 W_{BC} は ② □ となる。C → D へ移動するとき，ソレノイドの外部の磁場を 0 とみなすと C → D へ移動するのに外力がする仕事 W_{CD} は，$W_{CD} \fallingdotseq 0$ となる。W_{BC} と同様に，D → A へ移動するのに外力がする仕事 W_{DA} は ③ □ となる。よって，実線に沿って1周させるのに要する仕事 W は ④ □ となる。

□ **2** 真空中に置かれた磁気量 $+m$ の磁極から出る磁力線の本数 N を求めなさい。ただし，磁気力に関するクーロンの法則の比例定数を k_m とする。

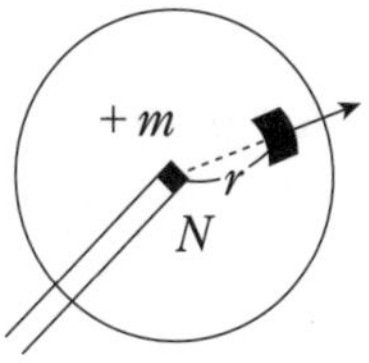

（　　　　　　　　）

Check

2 磁場の強さが H のとき，磁場の向きと垂直な断面を通る磁力線は，単位面積あたり H 本となる。

□ **3** 水平面に置いた方位磁針から上側に距離 r の位置に，十分に長い導線を南北方向に水平に張った。この導線に電流 I を南から北に流すと，方位磁針は北から西に θ だけ振れて静止した。地磁気の水平成分を H_0 として，電流の大きさを求めなさい。

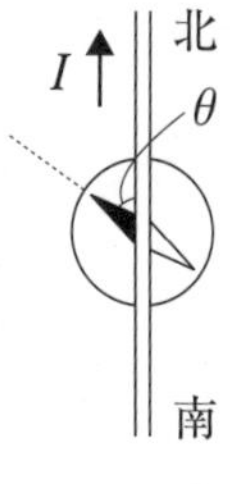

（　　　　　　　　）

3 地球が北向きにつくる磁場の強さを H_0 と考える。

□ **4** 十分に長い直線の導線に対して，円形面が垂直になるように半径 r の円形の導線を置いた。直線電流を I_1，円形電流を I_2，2つの導線の距離を r，円形の導線の中心を点 O として，次の各問いに答えなさい。

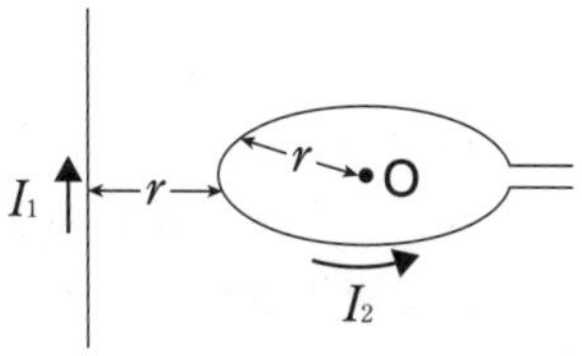

(1) 直線電流 I_1 が点 O につくる磁場の強さ H_1 を求めなさい。

（　　　　　　　　）

(2) 円形電流 I_2 が点 O につくる磁場の強さ H_2 を求めなさい。

（　　　　　　　　）

(3) 点 O にできる合成磁場 H_0 の強さを求めなさい。

（　　　　　　　　）

4 合成磁場 $\overrightarrow{H_0}$ は，$\overrightarrow{H_1}+\overrightarrow{H_2}$ で求められる。

㉖ 電流が磁場から受ける力

解答▸別冊P.14

POINTS

1 磁束密度……1 Wb の N 極が受ける力で磁場を表したが，1 A の電流が流れる導線が 1 m あたりに受ける力で磁場を表したものを**磁束密度**といい，単位は**テスラ**(記号T)や N/(A・m)を用いる。磁束密度 $\vec{B}$ は，$\vec{B}=\mu\vec{H}$ で表される。

① **透磁率**…磁束密度の比例定数 μ を**透磁率**(単位 N/A^2)といい，導線のまわりの物質の種類によって決まる。**真空の透磁率** μ_0 との比を**比透磁率** μ_r といい，$\mu_r=\dfrac{\mu}{\mu_0}$ となる。

② **磁束**…磁束密度を表す線を**磁束線**という。磁束密度 $\vec{B}$ に垂直な 1 m^2 あたりの面積を貫く本数を B とする。面積 S を貫く磁束線の本数を**磁束** Φ といい，$\Phi=BS$ となる。

2 電流が磁場から受ける力……磁場の強さ H (磁束密度の大きさ B)の中に長さ l の導体を置き，これに電流 I を流すと，導体は磁場から力 F を受ける。

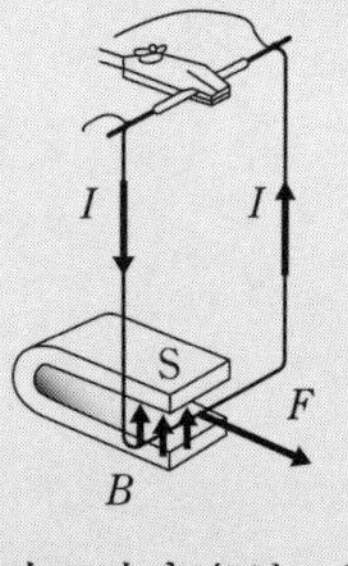

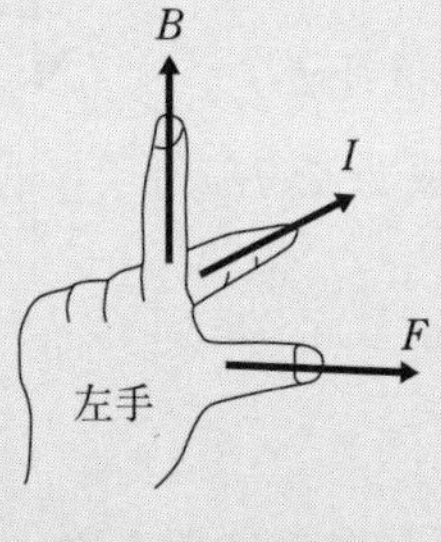

力の大きさは，$F=\mu IHl=IBl$

力の向きは，**フレミングの左手の法則**に従う。また，合成磁場で考えると，力の向きは磁場の強いほうから弱いほうの向きになることがわかる。

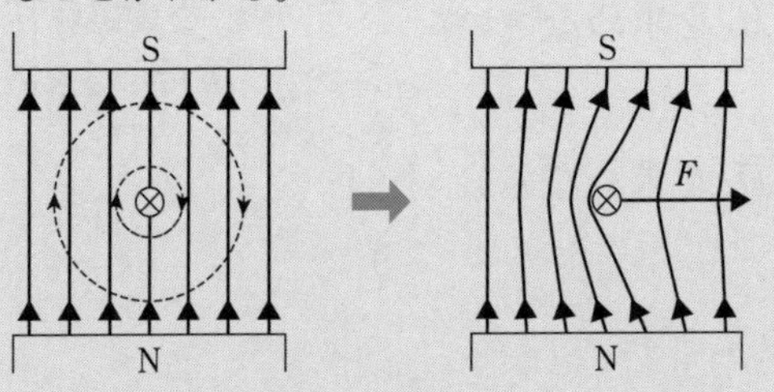

3 平行電流に作用する力……真空中に距離 r の間隔で平行に置いた十分に長い 2 本の導線 P，Q に，それぞれ I_1，I_2 の電流を流すと互いに力をおよぼし合う。電流 I_1 が導線 Q の位置につくる磁束密度 B_1 は，

$$B_1=\mu_0 H=\mu_0\frac{I_1}{2\pi r}$$

電流 I_2 が導線 P の位置につくる磁場の磁束密度 B_2 は，$B_2=\mu_0\dfrac{I_2}{2\pi r}$ なので，磁束密度 B_2 の磁場にある導線 P の長さ l の部分が受ける力の大きさ F_1 は，

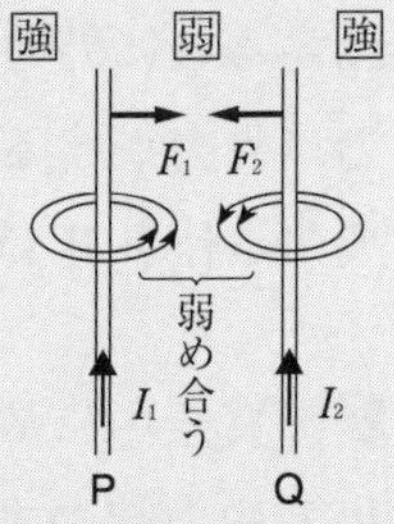

$$F_1=I_1B_2l=\mu_0\frac{I_1I_2}{2\pi r}l$$

F_2 も同様に考えて，

$$F_2=I_2B_1l=\mu_0\frac{I_1I_2}{2\pi r}l$$

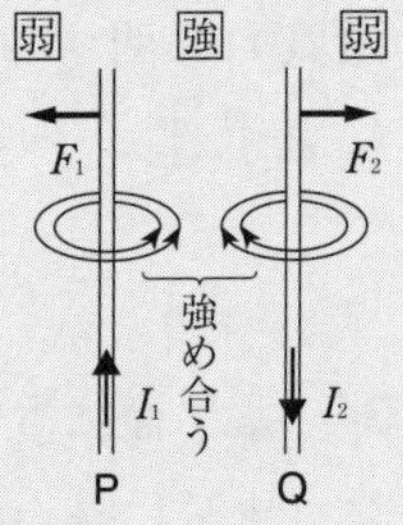

フレミングの左手の法則より，I_1，I_2 が同じ向きのときは引き合い，逆向きのときは反発し合う。

4 ローレンツ力……荷電粒子が磁場から受ける力を**ローレンツ力**という。磁束密度 B の磁場の中に長さ l，断面積 S，1 m^3 あたりの荷電粒子の数が n 個の導体を磁場と垂直に置く。電流 I が磁場から受ける力の大きさは，

$$F=IBl$$

電気量 q の荷電粒子の平均速度が v のとき，電流 I は，$I=qnvS$ なので，$F=IBl=qnvSBl$

導体中の総電子数 N は，$N=nSl$ なので，荷電粒子 1 個あたりに作用する力の大きさ f は，

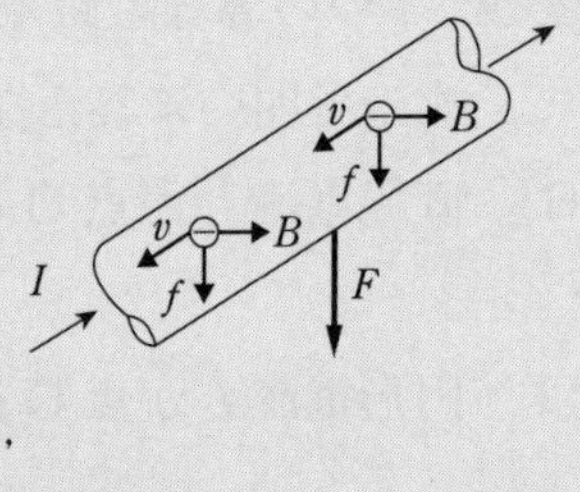

$$f=\frac{F}{N}=\frac{qnvSBl}{nSl}=qvB$$

□ **1** 次の［　］に適当な言葉や式を記入しなさい。

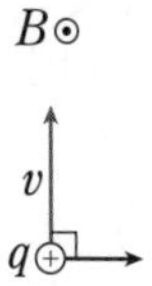

磁場の向きは紙面の［①　　　］から［②　　　］の向きになる。

ローレンツ力の大きさは，［③　　　］となる。

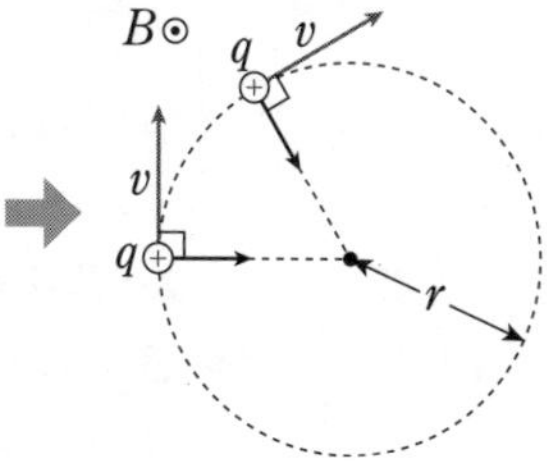

ローレンツ力を向心力とした［④　　　］運動をする。

荷電粒子の質量をmとすると，

$r=$［⑤　　　］となり，

周期 $T=$［⑥　　　］となる。

□ **2** 図1のように電気量qの荷電粒子を極板間で加速した後，一様な磁束密度Bの磁場の中へ入れた。極板間の距離をd，電位差をVとして，次の各問いに答えなさい。

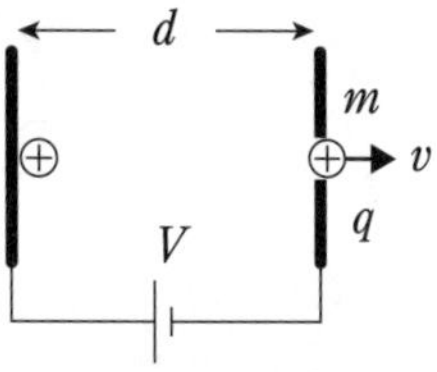

〔図1〕

✔Check

↳ **2** 極板間から飛び出した荷電粒子は，外部からの力がはたらかなければ，等速直線運動をする。

(1) 正極板のごく近くに静止していた質量mの荷電粒子が，負極板の穴を飛び出すときの速さvを求めなさい。

（　　　　　　　　）

(2) (1)の荷電粒子が図2の点Pの位置から点Qまで進んだとき，紙面の裏から表向きに磁束密度Bの一様な磁場を荷電粒子の運動方向と垂直にかけた。荷電粒子が磁場から受けるローレンツ力の大きさを求めなさい。

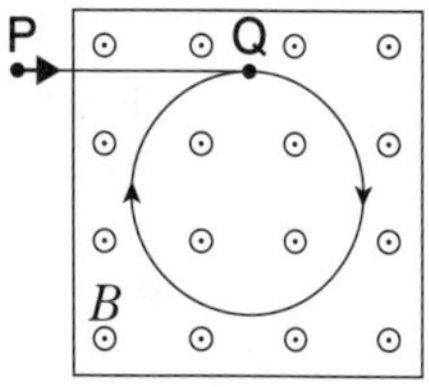

〔図2〕

（　　　　　　　　）

□ **3** 磁束密度Bの一様な磁場に，磁場となす角θで，質量m，電気量qの荷電粒子が速さvで入射した。次の各問いに答えなさい。

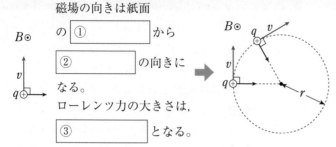

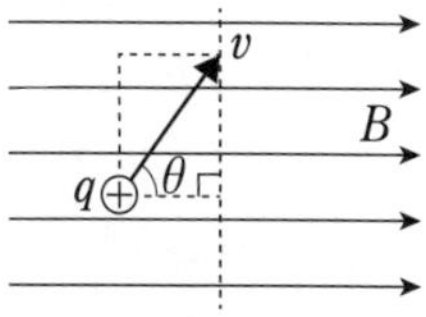

↳ **3** 磁場に対する垂直成分と平行成分に分けて考える。

(1) 荷電粒子が磁場から受けるローレンツ力Fを求めなさい。

（　　　　　　　　）

(2) 荷電粒子は磁場に対して垂直な方向にはどのような運動をするか，答えなさい。

（　　　　　　　　）

(3) 荷電粒子は磁場に対して平行な方向にはどのような運動をするか，答えなさい。

（　　　　　　　　）

27 電磁誘導の法則

解答▶別冊P.14

POINTS

1 電磁誘導……コイルを貫く磁束が時間的に変化するとき，コイルに起電力が生じる現象を**電磁誘導**という。生じる起電力を**誘導起電力**，誘導起電力によって流れる電流を**誘導電流**という。

① **レンツの法則**
…誘導起電力はコイルを貫く磁束の変化を妨げる向きに生じる。

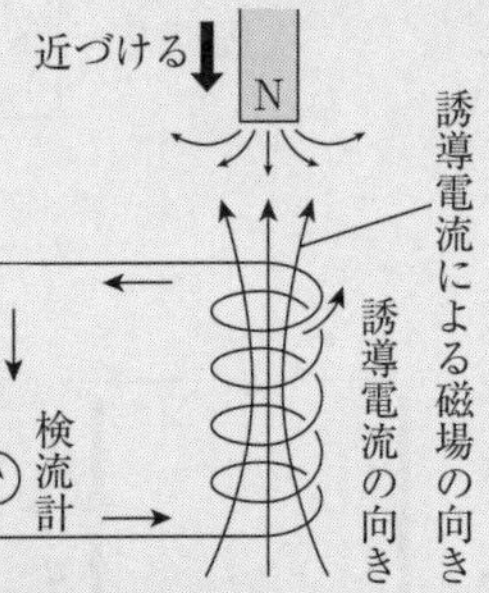

② **ファラデーの電磁誘導の法則**…誘導起電力の大きさは，コイルを貫く磁束の単位時間あたりの変化に比例する。これを式で表すと，生じた誘導起電力 V は，時間 Δt〔s〕の間に，コイルを貫く磁束が $\Delta\Phi$〔Wb〕だけ変化するとき，$V=-\dfrac{\Delta\Phi}{\Delta t}$

右辺のマイナスは，起電力が磁束の変化とは逆向きであることを示す。コイルの巻数が N のときは，$V=-N\dfrac{\Delta\Phi}{\Delta t}$

2 自己誘導……コイルに流れる電流が変化すると，その電流がつくる磁場が変化するので，コイルに流れる電流の変化を妨げる向きに誘導起電力が生じる現象を**自己誘導**という。自己誘導による誘導起電力を**逆起電力**ともいう。ソレノイドの全長を l，総巻数を N，断面積を S，空気の透磁率を μ とし，電流 I を流すとき，ソレノイドに生じる磁束 Φ は，

$$\Phi=BS=\mu HS=\mu\frac{N}{l}IS$$

これが磁束の変化になるので，ソレノイドに生じる誘導起電力 V は，

$$V=-N\frac{\Delta\Phi}{\Delta t}=-N\frac{\mu\frac{N}{l}\Delta IS}{\Delta t}=-\frac{\mu N^2S}{l}\cdot\frac{\Delta I}{\Delta t}$$

$$=-L\frac{\Delta I}{\Delta t}$$

比例定数 L を**自己インダクタンス**といい，単位は**ヘンリー**(記号H)を用いる。

3 コイルに蓄えられるエネルギー……コイルに蓄えられるエネルギーは次のように求められる。コイルを電圧 E の電源につなぎ，電流が時間 Δt の間に ΔI だけ変化するとき，自己誘導による起電力は，$V=-L\dfrac{\Delta I}{\Delta t}$ なので，キルヒホッフの第2法則より $E=L\dfrac{\Delta I}{\Delta t}$ となり，電源がコイルにする仕事は，

$$\Delta W=P\Delta t=EI\Delta t=L\frac{\Delta I}{\Delta t}I\Delta t=LI\Delta I$$

これを積分すると，電流が0から I に変化するときに蓄えられるエネルギー U は，

$$U=\frac{1}{2}LI^2$$

4 相互誘導……同じ鉄心に2つのコイルを巻き，1次コイルの電流を変化させると，

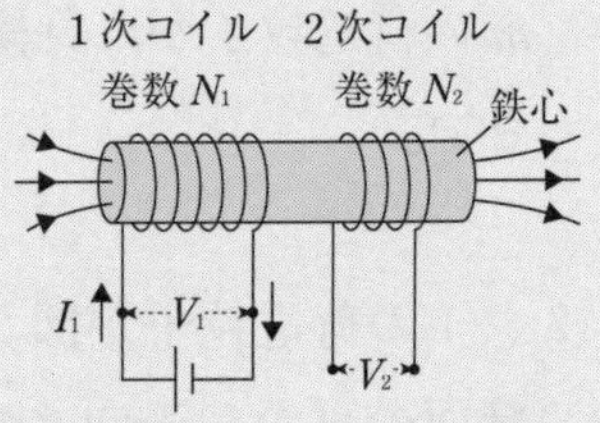

磁束の変化によって，2次コイルに誘導起電力が生じる現象を**相互誘導**という。長さ l_1 の1次コイルを貫く磁束を Φ_1，1次コイルに流れる電流を I_1，2次コイルを貫く磁束を Φ_2，比例定数を k とすると，

$$\Phi_2=k\Phi_1=kB_1S=k\mu\frac{N_1}{l_1}I_1S$$

よって，2次コイルに生じる誘導起電力 V_2 は，

$$V_2=-N_2\frac{\Delta\Phi_2}{\Delta t}=-N_2\frac{k\mu\frac{N_1}{l_1}\Delta I_1S}{\Delta t}$$

$$=-\frac{k\mu N_1N_2S}{l_1}\cdot\frac{\Delta I_1}{\Delta t}$$

$$=-M\frac{\Delta I_1}{\Delta t}$$

比例定数 M を**相互インダクタンス**といい，単位はヘンリー(記号H)を用いる。

□ **1** 磁束密度Bの一様な磁場中に導線ABがコの字形コイルをまたぐように置かれ，右向きに速さvで移動している。導線ABの両端に生じる誘導起電力の大きさを次の□に適当な式を記入して求めなさい。

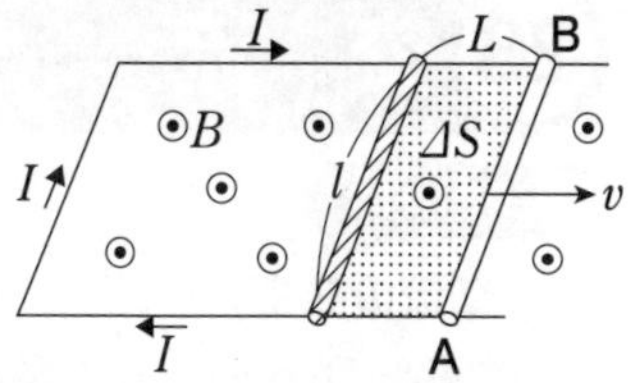

導線ABがΔt間に移動する距離$L=$[①　　]なので，Δtに導線ABが通過する面積$\Delta S=$[②　　]となる。よって，Δt間の磁束の変化$\Delta\Phi=$[③　　]となり，導線ABの両端に生じる誘導起電力の大きさは，[④　　]となる。

□ **2** 右図のように，磁束密度Bの一様な磁場の中で長さlの導体棒PQを一定速度vで右向きに移動させる。次の各問いに答えなさい。

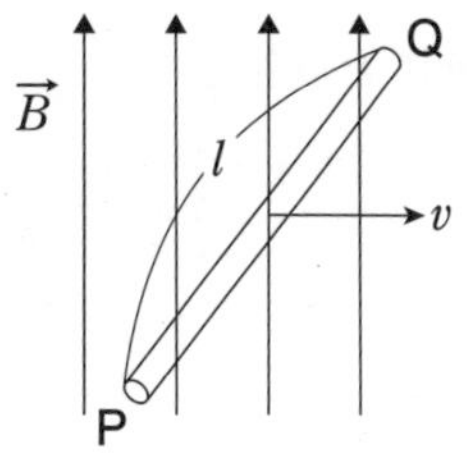

(1) 導体棒中にある電気量$-e$の自由電子が磁場から受けるローレンツ力の大きさを求めなさい。

(　　　　　　)

(2) (1)のローレンツ力によって，自由電子はPとQのどちら側に集まるか答えなさい。

(　　　　　　)

(3) (2)の結果，導体棒PQ内部には電場が生じ，自由電子は磁場からのローレンツ力と逆向きの力を電場から受ける。この2力がつり合うとき，導体棒PQの電場は一定となる。このときの，導体棒PQの両端の電位差を求めなさい。

(　　　　　　)

Check

2 ローレンツ力の向きは，フレミングの左手の法則に従う。電子の移動する向きと逆向きを電流の向きとする。

□ **3** 次の各問いに答えなさい。

(1) 自己インダクタンスが4.0 Hのコイルに流れる電流を，毎秒1.5 Aの割合で増加させるとき，コイルに生じる誘導起電力の大きさを求めなさい。

(　　　　　　)

(2) 同じ鉄心にコイルL_1，L_2を巻いた。相互インダクタンスが0.60 Hで，コイルL_1に流れる電流を1.0×10^{-2}秒間に0.20 Aの割合で減少させるとき，コイルL_2に生じる誘導起電力の大きさを求めなさい。

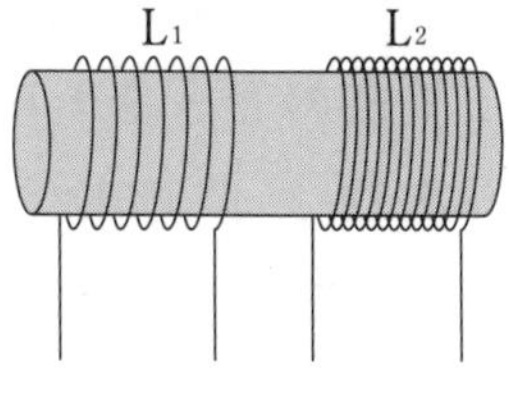

(　　　　　　)

28 交　流

解答▸別冊P.14

POINTS

1 交流の発生……磁束密度Bの一様な磁場内で，面積Sのコイルを角速度ωで回転させると，半回転ごとに大きさと向きが変わる交流起電力が生じる。

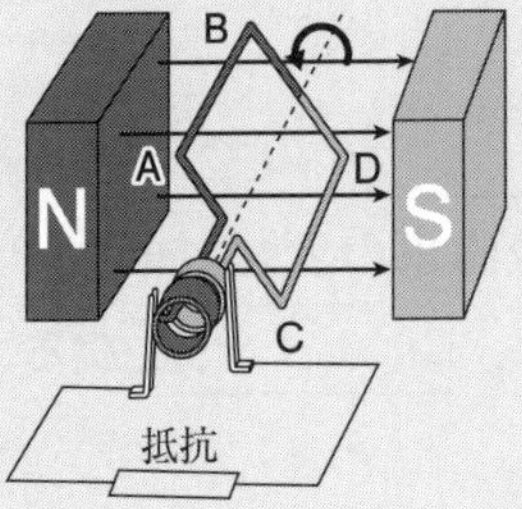

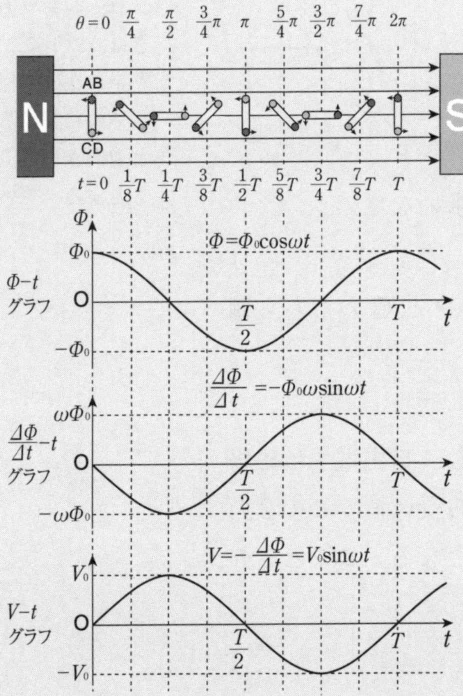

コイル面が磁場と垂直のときを$t=0$とすると，時刻tでのコイルを貫く磁束Φは，

$$\Phi=BS\cos\omega t$$

コイルによって発生する誘導起電力は，

$$V=-\frac{\Delta\Phi}{\Delta t}=-BS\frac{\Delta(\cos\omega t)}{\Delta t}=BS\omega\sin\omega t=V_0\sin\omega t$$

ここで，V_0は，起電力の最大値である。コイルがN巻のときは，$V_0=NBS\omega$となる。

周期的に変化する電圧を**交流電圧**といい，ある時刻における瞬間の電圧や電流を**瞬時値**という。また，このように電流を取りだす装置を**交流発電機**という。

2 実効値……交流電源と抵抗をつないだ回路において，電圧や電流は時間とともに変化するので，消費電力も時間とともに変化する。電圧の最大値をV_0，電流の最大値をI_0とすると，消費電力Pの平均値は，$\overline{P}=\dfrac{V_0I_0}{2}$となる。このとき，$V_e=\dfrac{V_0}{\sqrt{2}}$，$I_e=\dfrac{I_0}{\sqrt{2}}$とおくと，$\overline{P}=V_eI_e$となり，直流回路と同じ式で表すことができる。この$V_e$や$I_e$を**実効値**という。

□ **1** 磁束密度Bの磁場中に，面積Sで1回巻きのコイルを角速度ωで回転させ，抵抗値Rの抵抗とつないだ。コイル面が磁場と垂直のときを$t=0$として，次の［　　］に適当な矢印，式，語句を記入しなさい。

［①　　　　］（磁場の向き）

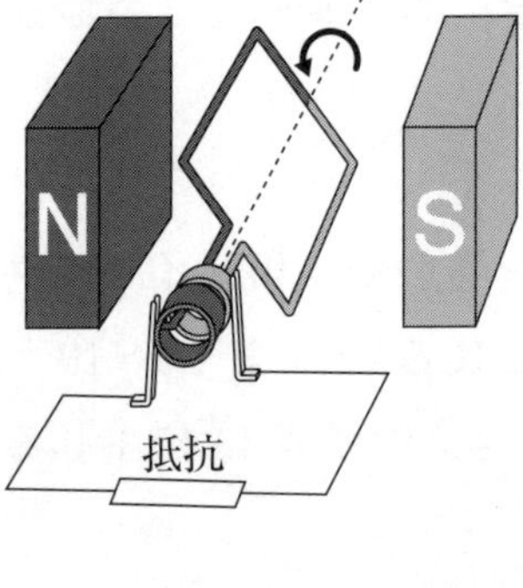

時刻tのときにコイルを貫く磁束は，［②　　　　］

コイル面が磁場に［③　　　　］になったとき，誘導起電力の大きさは最大となる。

□ **2** 起電力が時刻 t で $V_0\sin\omega t$ の交流電源と抵抗値が R の抵抗を接続した回路がある。次の各問いに答えなさい。

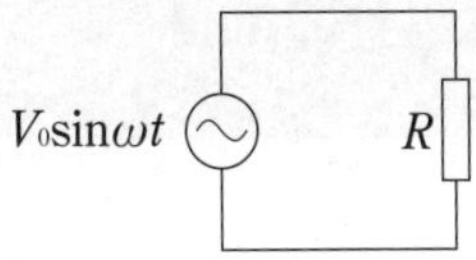

(1) 抵抗 R にかかる電圧の実効値を求めなさい。

(　　　　　　　　)

(2) 抵抗 R に流れる電流の実効値を求めなさい。

(　　　　　　　　)

(3) 抵抗 R の消費電力の平均値を求めなさい。

(　　　　　　　　)

Check

↳ **2** 実効値を用いると，直流回路と同様にオームの法則が成り立つ。

□ **3** 交流電圧が，$V=100\sqrt{2}\sin 100\pi t$〔V〕で表されるとき，次の各問いに答えなさい。

(1) 交流電圧の最大値を求めなさい。

(　　　　　　　　)

(2) 交流電圧の角周波数を求めなさい。

(　　　　　　　　)

(3) 交流電圧の周波数を求めなさい。

(　　　　　　　　)

↳ **3** 周波数 f と周期 T の関係は，

$f=\dfrac{1}{T}$

□ **4** 交流電圧 V が，$V=V_0\sin\dfrac{2\pi}{T}t$ で与えられている。このとき，次の各問いに答えなさい。ただし，V_0 は最大電圧，T は周期，t は時刻とする。

(1) V と t の関係を右のグラフにかきなさい。

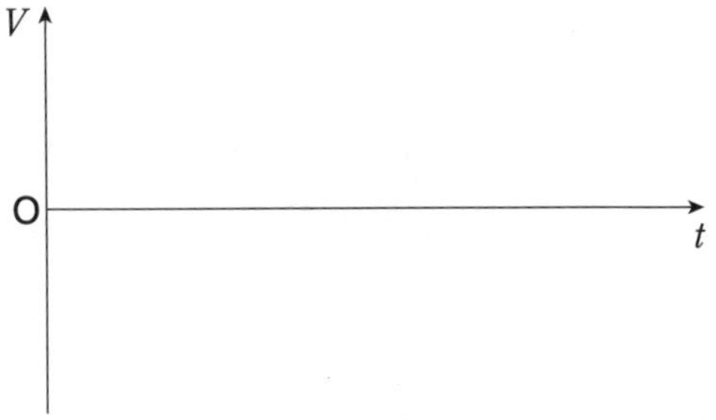

(2) 交流電圧 V は時間とともに変化するが，通常の交流電圧計には一定の電圧が表示される。この電圧を何というか。

(　　　　　　　　)

(3) 交流電圧を交流電圧計で測定したら 100 V であった。$\sqrt{2}=1.41$ として，この交流電圧の最大値を求めなさい。

(　　　　　　　　)

29 交流回路

解答▸別冊P.15

POINTS

1 抵抗に流れる交流……交流電源($V=V_0\sin\omega t$)に抵抗値 R の抵抗のみを接続すると，抵抗に流れる電流は，$I=\dfrac{V}{R}=\dfrac{V_0\sin\omega t}{R}$

よって，$I_0=\dfrac{V_0}{R}$ とおくと，

$I=I_0\sin\omega t$

抵抗に流れる電流と抵抗にかかる電圧は同位相となる。

2 コイルに流れる交流……交流電源 V に自己インダクタンス L のコイルのみを接続し，コイルに流れる電流を，$I=I_0\sin\omega t$ とする。キルヒホッフの第2法則より，$V=L\dfrac{\Delta I}{\Delta t}$ となり，Δt が十分小さいとき，

$$V=L\frac{\Delta I}{\Delta t}=L\frac{\Delta I_0\sin\omega t}{\Delta t}=\omega LI_0\cos\omega t$$
$$=\omega LI_0\sin\left(\omega t+\frac{\pi}{2}\right)$$

よって，$V_0=\omega LI_0$ とおくと，

$$V=V_0\sin\left(\omega t+\frac{\pi}{2}\right)$$

以上のことから，**コイルに流れる電流の位相は，電源電圧の位相より $\dfrac{\pi}{2}$ 遅れる。**また ωL を**誘導リアクタンス** X_L といい，単位は Ω を用いる。

3 コンデンサーに流れる交流……交流電源($V=V_0\sin\omega t$)に電気容量 C のコンデンサーのみを接続すると，キルヒホッフの第2法則より，$V=\dfrac{Q}{C}$ となり，Δt が十分小さいとき，コンデンサーに流れる電流は，

$$I=\frac{\Delta Q}{\Delta t}=\frac{C\Delta V}{\Delta t}=\frac{C\Delta V_0\sin\omega t}{\Delta t}=\omega CV_0\cos\omega t$$
$$=\omega CV_0\sin\left(\omega t+\frac{\pi}{2}\right)$$

よって，$\omega CV_0=I_0$ とおくと，

$$I=I_0\sin\left(\omega t+\frac{\pi}{2}\right)$$

以上のことから，**コンデンサーに流れる電流の位相は，電源電圧の位相よりも $\dfrac{\pi}{2}$ だけ進む。**また，$\dfrac{1}{\omega C}$ を**容量リアクタンス** X_C といい，単位は Ω を用いる。

4 RLC 直列回路

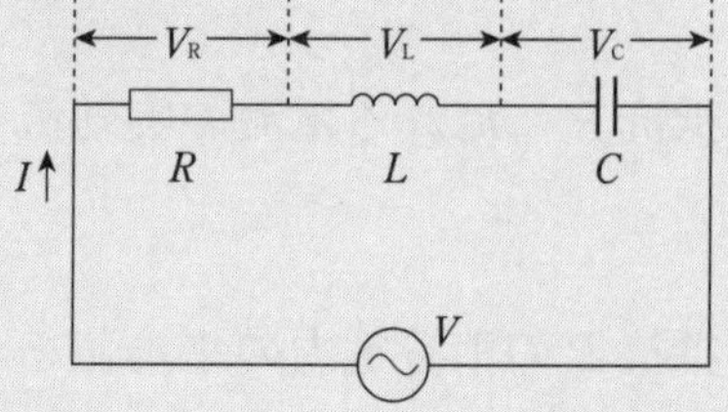

① **インピーダンス**…交流電源に，抵抗値 R の抵抗，自己インダクタンス L のコイル，電気容量 C のコンデンサーを直列に接続し，回路に流れる電流を，$I=I_0\sin\omega t$ とする。抵抗，コイル，コンデンサーにかかる電圧を，それぞれ，V_R, V_L, V_C とすると，キルヒホッフの第2法則より，

$V=V_R+V_L+V_C$ となり，

$$V_R=RI_0\sin\omega t$$
$$V_L=\omega LI_0\sin\left(\omega t+\frac{\pi}{2}\right)=\omega LI_0\cos\omega t$$
$$V_C=\frac{I_0}{\omega C}\sin\left(\omega t-\frac{\pi}{2}\right)=-\frac{I_0}{\omega C}\cos\omega t$$

よって，

$$V=I_0\left\{R\sin\omega t+\left(\omega L-\frac{1}{\omega C}\right)\cos\omega t\right\}$$
$$=ZI_0\sin(\omega t+\theta)$$
$$Z=\sqrt{R^2+\left(\omega L-\frac{1}{\omega C}\right)^2}$$
$$\left(\tan\theta=\frac{\omega L-\frac{1}{\omega C}}{R},\ \cos\theta=\frac{R}{Z}\right)$$

Z を**インピーダンス**といい，回路全体の抵抗に相当する量で，単位は Ω を用いる。このとき，電圧と電流の実効値 V_e, I_e は，

$V_e=ZI_e$

② **消費電力**…コイルとコンデンサーの平均の消費電力は0となり，電力は消費されない。よって，電力は抵抗のみで消費され，

$\overline{P}=RI_e^2=V_eI_e\cos\theta$

$\cos\theta$ を**力率**といい，有効電力の割合を表す。

□ **1** 下図のようなRLC直列回路がある。電流を位相の基準として，次の[　　]に適当な式を記入しなさい。

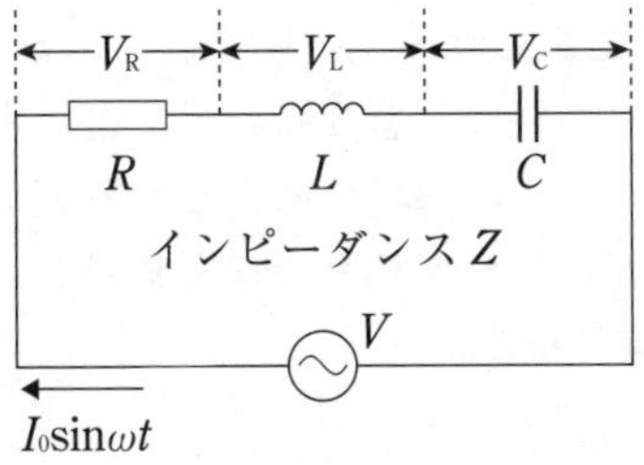

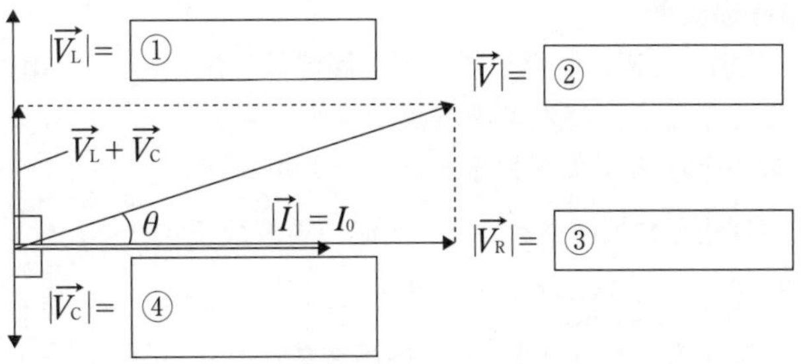

□ **2** 次の各問いに答えなさい。

(1) 自己インダクタンスLのコイルにかかる電圧$V_L=V_0\sin\omega t$のとき，時刻tにおけるコイルの消費電力P_Lを求めなさい。

(　　　　　　　　　　)

(2) (1)の平均値を求めなさい。

(　　　　　　　　　　)

(3) 電気容量Cのコンデンサーにかかる電圧$V_C=V_0\sin\omega t$のとき，時刻tにおけるコンデンサーの消費電力P_Cを求めなさい。

(　　　　　　　　　　)

(4) (3)の平均値を求めなさい。

(　　　　　　　　　　)

Check

↪ **2** 三角関数の公式

$\sin\left(\omega t+\frac{\pi}{2}\right)=\cos\omega t$

$\sin\left(\omega t-\frac{\pi}{2}\right)=-\cos\omega t$

$2\sin\theta\cos\theta=\sin 2\theta$

□ **3** 抵抗値Rの抵抗，インダクタンスLのコイル，電気容量Cのコンデンサーを並列に接続し，時刻tで$V_0\sin\omega t$の交流電圧を加えた。次の各問いに答えなさい。

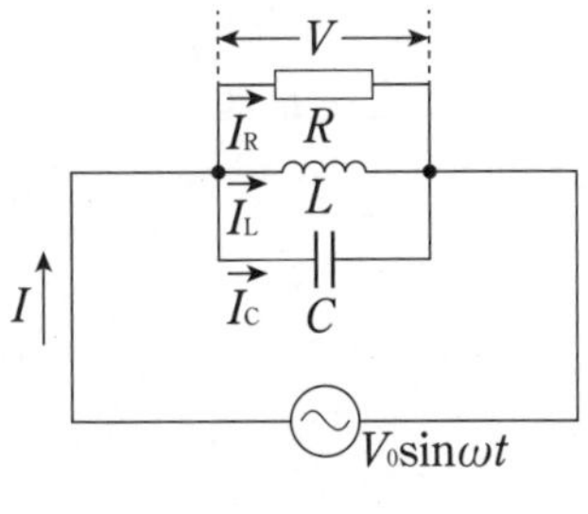

(1) 時刻tでの抵抗に流れる電流I_Rを求めなさい。

(　　　　　　　　　　)

(2) 時刻tでのコイルに流れる電流I_Lを求めなさい。

(　　　　　　　　　　)

(3) 時刻tでのコンデンサーに流れる電流I_Cを求めなさい。

(　　　　　　　　　　)

(4) 回路全体のインピーダンスZを求めなさい。

(　　　　　　　　　　)

↪ **3** インピーダンスは回路全体の抵抗に相当する量となる。

30 電気振動と電磁波

解答 ▸ 別冊P.16

POINTS

1 **共振**……RLC回路において角周波数を変化させたとき，特定の周波数で電流が最大や最小となる現象を**共振**といい，共振を起こす回路を**共振回路**という。交流の周波数fが，$f=\dfrac{\omega}{2\pi}=\dfrac{1}{2\pi\sqrt{LC}}$のとき共振が起こり，共振が起こるときの周波数を**共振周波数**という。

RLC直列回路で共振が起こるとインピーダンスZが最小値となり，電流は最大値となる。RLC並列回路で共振が起こるとインピーダンスZが最大値となり，電流は最小値となる。

2 **電気振動**……右図の回路で，スイッチをaに接続してコンデンサーを充電してから，スイッチをbに切りかえて放電させると，自己誘導によって一定の周期で向きが変わる電流が流れる。この電流を**振動電流**といい，この現象を**電気振動**という。

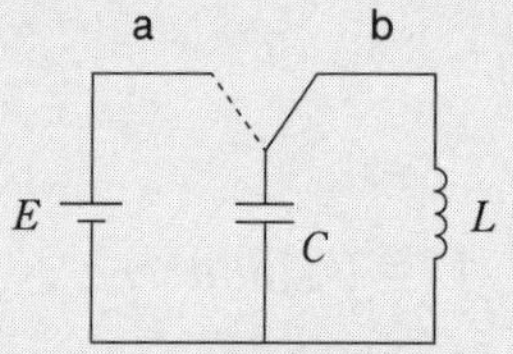

スイッチがbに接続されているとき，bの電位を$V_0\sin\omega t$とする。コイルを流れる電流I_Lとコンデンサーを流れる電流I_Cは，

$$I_L=\frac{V_0}{\omega L}\sin\left(\omega t-\frac{\pi}{2}\right)$$
$$=-\frac{V_0}{\omega L}\cos\omega t$$
$$I_C=\omega CV_0\sin\left(\omega t+\frac{\pi}{2}\right)$$
$$=\omega CV_0\cos\omega t$$

$I_L=-I_C$より，$\dfrac{1}{\omega L}=\omega C$となるので，

$$\omega=\frac{1}{\sqrt{LC}}\qquad f=\frac{\omega}{2\pi}=\frac{1}{2\pi\sqrt{LC}}$$

このように，コイルの自己インダクタンスとコンデンサーの電気容量で決まる電気振動の周波数を**固有周波数**という。

交流電源の周波数が固有周波数と一致するとき，その回路では**共振**が起こる。

3 **電気振動のエネルギー**……電気振動では，コンデンサーの電場に蓄えられる静電エネルギーと，コイルの磁場に蓄えられるエネルギーが交互に入れかわりながら振動し，その和は一定となる。

$$\frac{1}{2}CV^2+\frac{1}{2}LI^2=\text{一定}$$

4 **電磁波**……磁場が変化する空間には電場が生じ，電場が変化する空間には磁場が生じる。変化する電場と磁場が互いに作用しながら波となって伝わる現象を**電磁波**という。

コンデンサーの極板をそれぞれ開いて，極板を棒状にしても共振回路となる。交流電源の周波数を共振周波数にすると，棒状の回路の内部にも振動電流が流れる。これを**ダイポールアンテナ**という。棒状のダイポールアンテナで振動が繰り返されると，電気力線はしだいに空間を**光速**で四方八方に向かって広がる。電磁波は，電場と磁場が互いに直角を保ちながら，電場と磁場の振動と垂直に進むので**横波**である。電磁波は，振動電流，すなわち電荷の振動にともなって発生するが，このとき電荷は加速度運動をしている。

一般に，**電磁波は加速度運動をする電荷にともなって発生する。**

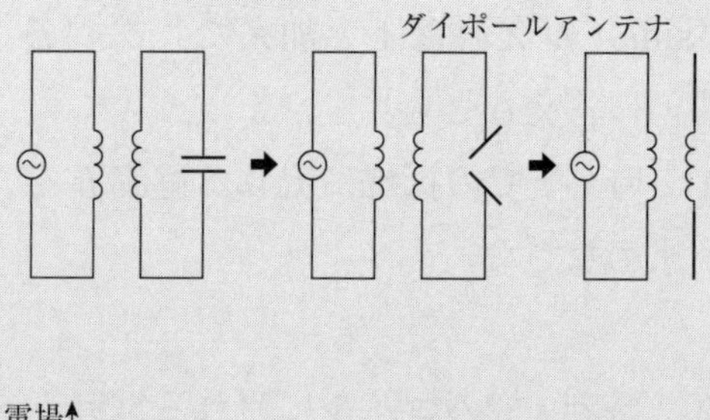

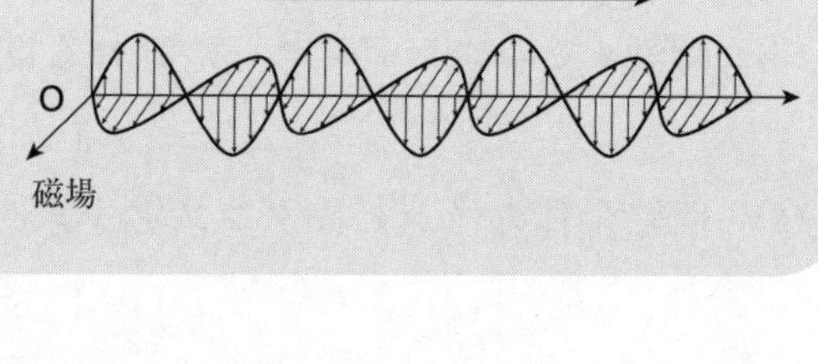

□ **1** 次の文章中の[ ]に適当な言葉，数値，式を記入しなさい。

充電が完了した電気容量 C のコンデンサーに蓄えられる静電エネルギーは，極板間の電位差を V とすると，[①　　] である。このコンデンサーに自己インダクタンス L のコイルをつないで放電すると，やがてコンデンサーの電荷が0，つまり極板間の電位差が0になる。このとき，コイルに流れる電流は最大値 I になり，コイル内の磁場には [②　　] のエネルギーが蓄えられ，コイルの電圧は [③　　] となる。その後も，コイルの自己誘導によってそれまでと [④　　] 向きに電流が流れ，コンデンサーは初めと正負が逆向きに充電される。このように，コンデンサーが放電と充電を繰り返す現象を [⑤　　] という。

□ **2** 抵抗値 R の抵抗，自己インダクタンス L のコイル，電気容量 C が可変のコンデンサーを直列に接続する。次の各問いに答えなさい。

(1) 周波数 f の交流電源をつないで共振するとき，コンデンサーの電気容量を求めなさい。

（　　　　　　　　）

(2) (1)のとき，回路を流れる電流の大きさは最大・最小のどちらになるか，答えなさい。

（　　　　　　　　）

Check

→ **2** 直列回路が共振するとき，

$$\omega L=\frac{1}{\omega C}$$

□ **3** 日本のテレビ放送では，地上デジタルテレビ放送に 470 MHz から 710 MHz を割り当てている。電磁波の速さを 3.0×10^{8} m/s として，次の各問いに答えなさい。

(1) 600 MHz の電波の波長を求めなさい。

（　　　　　　　　）

(2) ラジオ放送で周波数が 600 kHz の電波の波長を求めなさい。

（　　　　　　　　）

→ **3** 周波数 f，光速 c，波長 λ の関係式は，

$c=f\lambda$

□ **4** 地上から高度約 36000 km の静止衛星を中継して，地上のA地点とB地点で通信をする。両地点から衛星までの距離はどちらも 37500 km であり，衛星での中継による遅延を 1.0×10^{-2} s とするとき，A地点から送信したデータがB地点に到達するまでの伝送遅延時間を求めなさい。ただし，電磁波の伝搬速度は 3.0×10^{8} m/s とする。

（　　　　　　　　）

→ **4** 光，電波，赤外線などを総称して電磁波という。

31 電 子

解答▸別冊P.16

POINTS

1 **陰極線**……放電管内部に数千Vの高電圧をかけて気圧を下げると**真空放電**がみられる。圧力が0.04 hPa程度に下がると，陰極と向かい合った陽極側のガラス壁に蛍光を発する。これは，陰極から飛び出す何かによるものと考えられ，ゴルトシュタインは，この何かを**陰極線**と名づけた。陰極線には，蛍光作用，直進性，負の電荷をもつ，質量をもつ，写真作用，電離作用のような性質がある。

現在では，陰極線の正体は**電子**であることがわかっている。

2 **電子の比電荷**……トムソンは陰極線が負の電気量をもつ微粒子であると仮定し，実験から電気量の大きさ e と質量 m の比を求めた。この比を**比電荷**といい，$\frac{e}{m}$ で表す。

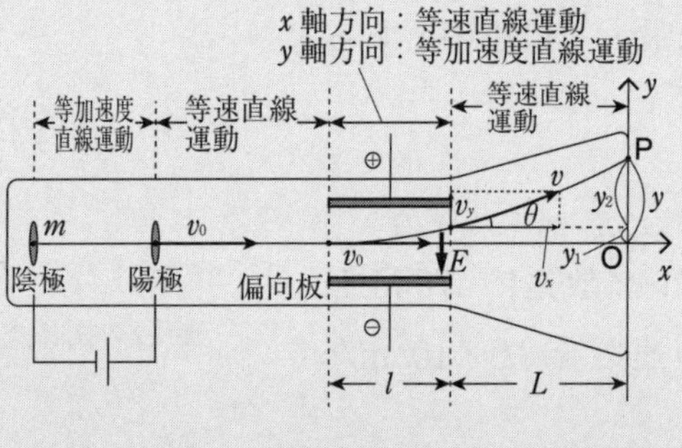

図のように，等速直線運動をする荷電粒子が，電場が加えられた領域に速度 v_0 で入射した場合，x 軸方向には**等速直線運動**を行い，y 軸方向には静電気力を受け，$ma_y=eE$ より，$a_y=\frac{eE}{m}$ の**等加速度直線運動**を行う。

偏向板の長さが l の電場を荷電粒子が通過するのに要する時間 t_1 は，$t_1=\frac{l}{v_0}$ なので，

y 軸方向の加速度が $a_y=\frac{eE}{m}$ のとき

$y_1=\frac{1}{2}a_yt_1^2=\frac{eEl^2}{2mv_0^2}$ となる。このときの速度の y 成分は，$v_y=a_yt_1=\frac{eE}{m}\cdot\frac{l}{v_0}$ である。

荷電粒子の速度の向きと x 軸がなす角を θ とすると，$\tan\theta=\frac{v_y}{v_x}=\frac{eEl}{mv_0^2}$ である。

電場を出た後，粒子は直進するので，

$y_2=L\tan\theta=L\frac{eEl}{mv_0^2}$ となり，点Pの y 座標は，

$y=y_1+y_2=\frac{eEl}{2mv_0^2}(l+2L)$ となる。

よって，$\frac{e}{m}=\frac{2v_0^2y}{El(l+2L)}$ となる。

極板の金属の種類を変えて測定しても，比電荷は常に $\frac{e}{m}\fallingdotseq1.76\times10^{11}$ C/kg となるので，**陰極線はどの物質にも含まれる共通の粒子**であることがわかった。

3 **電気素量**……電気量の最小単位を**電気素量**という。これは，電子の電気量の大きさに等しく，$e\fallingdotseq1.60\times10^{-19}$ C である。

また，比電荷と電気素量から，電子の質量は，$m\fallingdotseq9.11\times10^{-31}$ kg となる。

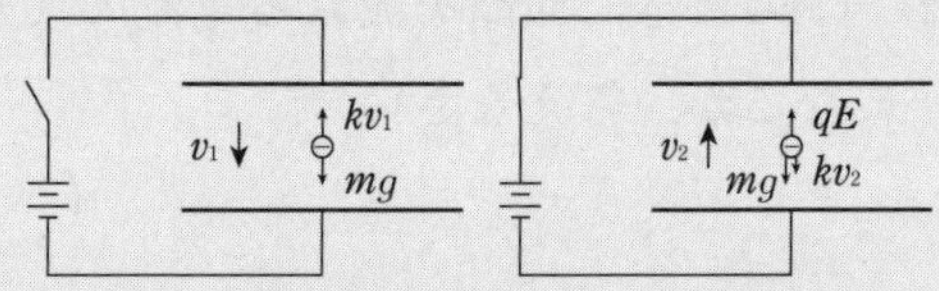

ミリカンは帯電させた油滴の運動を調べることで，電気素量を見いだした。極板間に電圧をかけない場合，質量 m の油滴の終端速度を v_1 とすると，$mg=kv_1$ となる。

次に，極板間に電圧をかけたときの電場の強さを E とすると，電気量の大きさ q の油滴には電場から qE の力がはたらく。このとき，油滴が一定速度 v_2 で上昇していれば，$qE=mg+kv_2$ となる。

よって，電気量の大きさ q は，

$q=\frac{k(v_1+v_2)}{E}=\frac{1+\left(\frac{v_2}{v_1}\right)}{E}\cdot mg$ となり，終端速度から油滴の電気量を求めることができ，測定値より常に電気素量の整数倍になることがわかった。

□ **1** 次の文章中の［　］に適当な語句や式を記入しなさい。

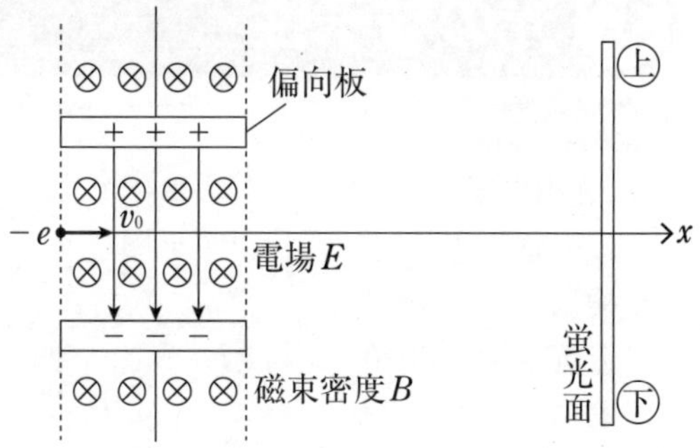

トムソンの実験において，右図のように，極板間の電場Eの垂直方向に磁束密度Bの磁場をかけた。電気量$-e$の荷電粒子が極板間を速さv_0で直進するとき，荷電粒子は，電場から［①　］向きに大きさが［②　］の静電気力を受け，磁場からは［③　］向きに大きさが［④　］のローレンツ力を受ける。これらの力がつり合っているので，荷電粒子の速さは$v_0=$［⑤　］となる。

□ **2** 右図のように，磁束密度Bの磁場（■の部分）に質量m，電気量$-e$の電子が，速度v_0で入射した。次の各問いに答えなさい。

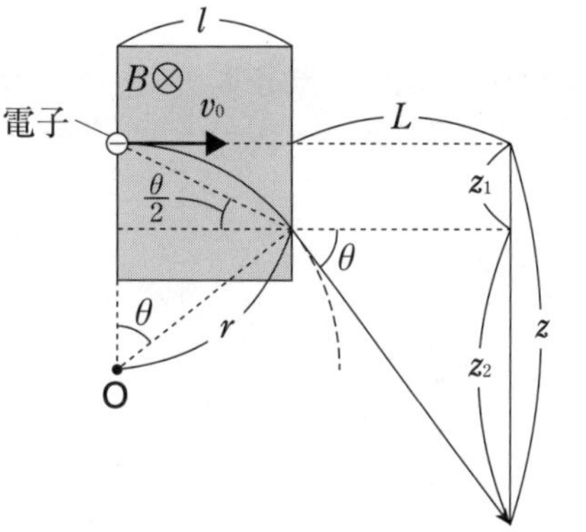

(1) 荷電粒子は，磁場内ではローレンツ力を向心力とした等速円運動を行う。このときの，半径rを求めなさい。

（　　　　　）

(2) B，m，e，v_0，l，Lを用いて，zを表しなさい。ただし，θが十分小さいとする。

（　　　　　）

(3) B，v_0，l，L，zを用いて，電子の比電荷を表しなさい。ただし，θが十分小さいとする。

（　　　　　）

Check

↳ **2** θが十分小さいとき，

$\sin\theta \fallingdotseq \theta$

$\tan\theta \fallingdotseq \theta$

□ **3** ミリカンの実験でいくつかの油滴の電気量を調べると，次の測定値が得られた。電気素量eを有効数字3桁で求めなさい。

測定値（単位：$\times 10^{-19}$ C）〔8.10　11.3　14.5　4.90　12.9〕

（　　　　　）

↳ **3** 測定値がeの整数倍のとき，測定値の差もeの整数倍となる。

$xe-ye=(x-y)e$

㉜ 光の粒子性

解答▸別冊P.16

POINTS

1 光電効果……正に帯電させた箔検電器と，負に帯電させた箔検電器の2つを用意し，それぞれの上に亜鉛板をのせて，これに紫外線を照射したところ，負に帯電した箔検電器では，箔が閉じた。これは，負に帯電した箔検電器から電荷(電子)が失われたことを意味する。このように，金属の表面に紫外線などを照射したときに，その表面から電子が飛び出す現象を**光電効果**といい，飛び出す電子を**光電子**という。

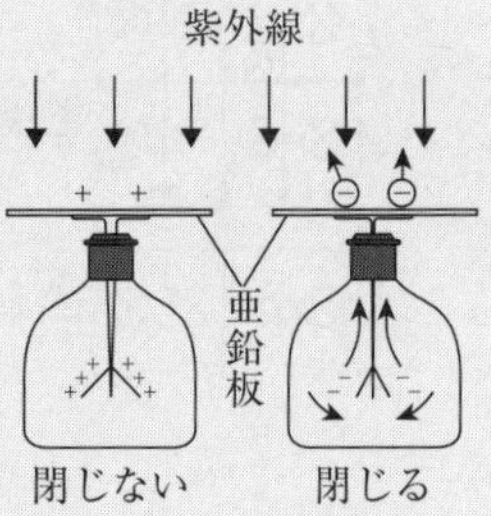

2 光電効果の特徴

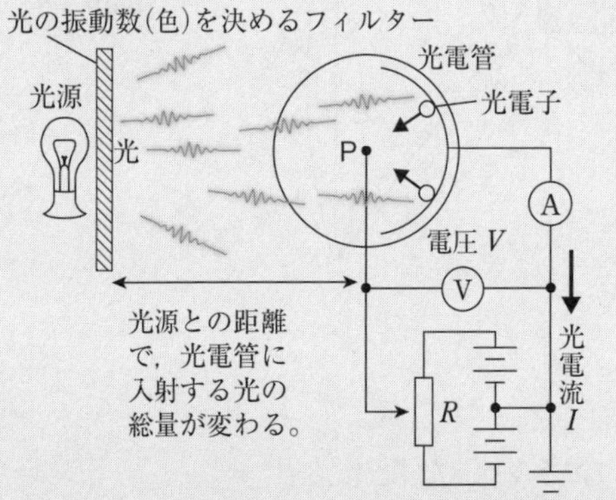

① 照射する光の振動数がある値ν_0(ニュー)〔Hz〕より小さいときは，どんなに強い光を照射しても光電効果は起こらない。このときの振動数ν_0を**限界振動数**といい，金属の種類によって決まる。

② 限界振動数ν_0より大きいと，光が弱くてもただちに光電子が飛び出す。

③ 振動数が一定のまま光を強くしていくと，飛び出す光電子の数は増えるが，運動エネルギーの最大値は変わらない。

④ 放出される光電子のもつ運動エネルギーの最大値は，光の振動数が大きいほど大きくなる。

⑤ 陽極Pの電位を下げていくと，ある値$-V_0$から光電流が流れなくなる。このときの電位差V_0を**阻止電圧**といい，光電子の運動エネルギーの最大値$K_0=eV_0$となる。

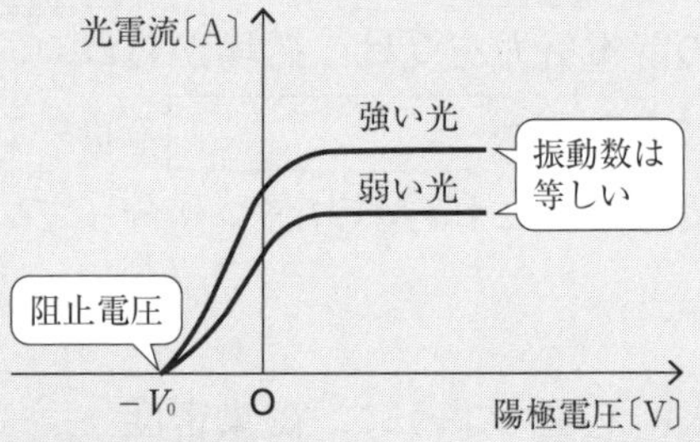

3 光量子仮説……アインシュタインは，光は**光子(光量子)**という粒子の集まりであると考え，光の振動数がνのとき，光子1個がもつエネルギーを，$E=h\nu$として，光電効果を説明した。この比例定数hを**プランク定数**といい，$h \fallingdotseq 6.63\times10^{-34}$ J・sである。

4 光電効果の説明……金属内の自由電子は，陽イオンから受ける引力に逆らって飛び出す。この仕事に相当するエネルギーを与えることで，自由電子を金属外に取り出すことができる。電子1個を取り出すのに必要なエネルギーWを**仕事関数**といい，金属の種類によって決まる。光子1個がもつエネルギーは$E=h\nu$で，光子1個がもつエネルギーは電子1個にすべて与えられると考えられ，飛び出す光電子の運動エネルギーの最大値をK_0とすると，$h\nu \geqq W$では，光電子が放出され，$K_0=h\nu-W$が成り立つ。限界振動数ν_0では，$h\nu_0=W$となる。

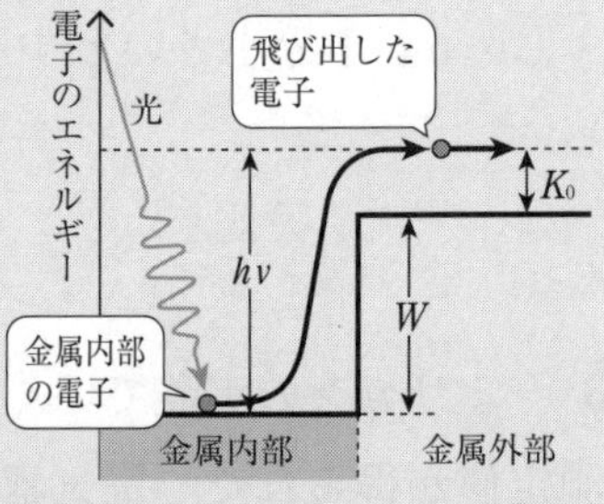

□ **1** 図中の□に適当な式や語句を記入しなさい。ただし，プランク定数を h とする。

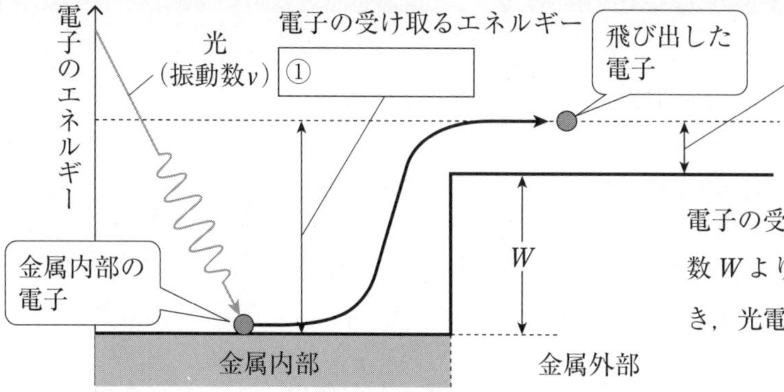

電子の受け取るエネルギーが仕事関数 W よりも ③ とき，光電効果が起きる。

□ **2** 波長が 6.0×10^{-7} m の単色光線が，132 W で放出されている。プランク定数を 6.6×10^{-34} J・s，光速を 3.0×10^{8} m/s として，次の各問いに答えなさい。

(1) 光子１個がもつエネルギー E を求めなさい。

（　　　　　　　　　　）

(2) １秒間に放出される光子の数 n を求めなさい。

（　　　　　　　　　　）

□ **3** 光電効果によって飛び出した光電子の阻止電圧が 3.0 V であった。$e=1.6\times10^{-19}$ C として，次の各問いに答えなさい。

(1) 光電子の運動エネルギーの最大値 K_0 は何 J か求めなさい。

（　　　　　　　　　　）

(2) 光電子の運動エネルギーの最大値 K_0 は何 eV か求めなさい。

（　　　　　　　　　　）

□ **4** ある金属に振動数 ν_1 の光を当てたときの光電子の運動エネルギーの最大値は E_1，振動数 ν_2 の光を当てたときの光電子の運動エネルギーの最大値は E_2 であった。次の各問いに答えなさい。

(1) プランク定数 h を求めなさい。

（　　　　　　　　　　）

(2) この金属の仕事関数 W を求めなさい。

（　　　　　　　　　　）

(3) この金属の限界振動数 ν_0 を求めなさい。

（　　　　　　　　　　）

Check

↳ **2** 光速 c，振動数 ν，波長 λ には，次の関係式が成り立つ。
$c=\nu\lambda$
また，1 W＝1 J/s である。

↳ **3** 1 eV は電子１個が 1 V の電圧で加速されたときに得る運動エネルギーである。
$1\ \text{eV}=1.6\times10^{-19}$ J

↳ **4** 限界振動数 ν_0 では，$h\nu_0=W$ となる。

33 X 線

解答▸別冊P.17

POINTS

1 X線の発見……レントゲンは，放電管から透過力が強く，写真乾板を感光させ，蛍光作用をもち，気体を電離させる放射線が出ていることを発見し，これを**X線**と名づけた。

2 連続X線と固有X線

① **X線のスペクトル**…X線の強さと波長の関係を表すグラフにおいて，連続スペクトルの部分を**連続X線**，線スペクトルの部分を**固有X線**という。

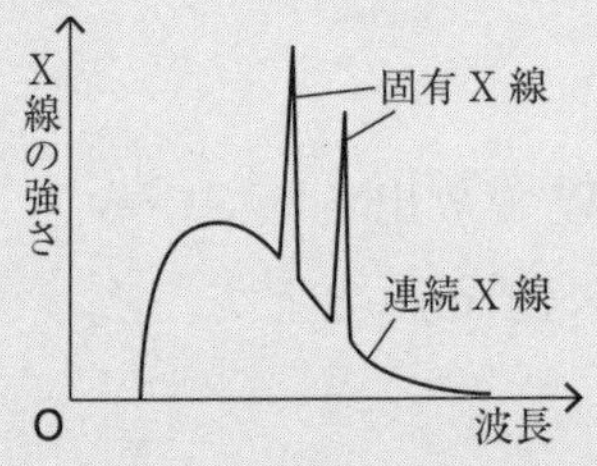

② **連続X線**…静止状態から電圧 V で加速された電子は eV の運動エネルギーをもち，一部または全部がX線光子のエネルギーとなる。陰極から出た電子が陽極の原子に衝突し，電子のエネルギーが全部与えられた場合，放出されるX線のエネルギーは最大になる。このとき，振動数 ν は最大，波長 λ は**最短波長**となり，$eV=h\nu=h\dfrac{c}{\lambda}$ より，$\lambda=\dfrac{hc}{eV}$ となる。

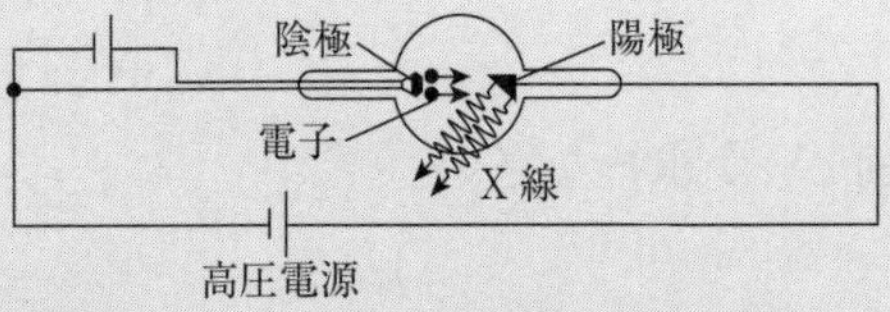

③ **固有X線**…加速された電子が陽極原子の原子核に近い軌道の電子（エネルギー E_1）を追い出し，そこへ外側の軌道の電子（エネルギー E_2）が入り込むときの軌道間のエネルギー差がX線光子として放出される。よって，$\lambda=\dfrac{hc}{E_2-E_1}$ となり，波長は加速電圧に関係なく，陽極の金属に固有のものとなる。

3 X線の波動性

① **X線の回折**…ラウエは，X線を結晶に当てると，結晶内の原子が回折格子となり，散乱したX線が干渉することで斑点模様ができることを発見した。これを，**ラウエの斑点**という。

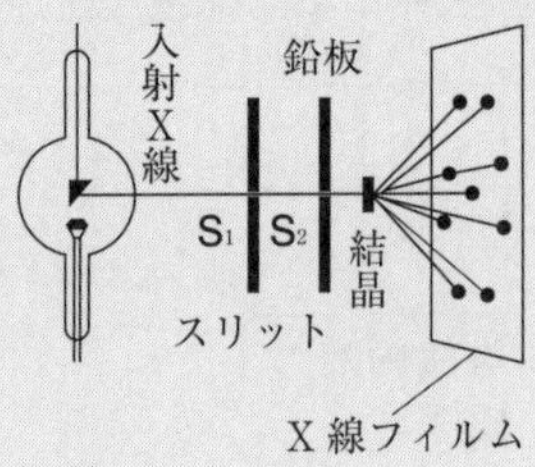

② **ブラッグの条件**…X線を結晶に当てると，格子面において反射の法則にしたがって反射するが，X線は透過度が大きいので最初の格子面Aで入射X線のすべてが反射するのではなく，内部に進入して，第2，第3と続く格子面で少しずつ反射する。X線が格子面に角 θ で入射すると，格子面Aで反射したX線と格子面Bで反射したX線の経路差 Δl は，格子面の間隔を d とすると，$\Delta l=2d\sin\theta$ となる。経路差が波長の整数倍のときに干渉して強め合うので，その条件は，

$$2d\sin\theta=n\lambda \quad (n=1,\ 2,\ 3,\ \cdots)$$

これを**ブラッグの条件**という。

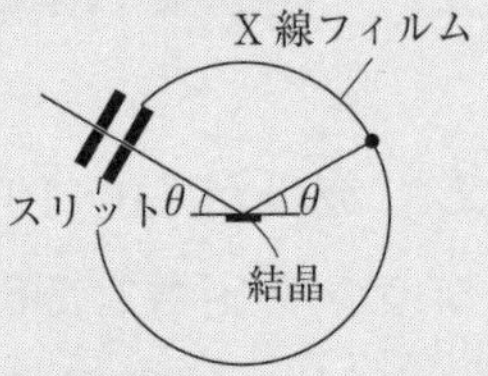

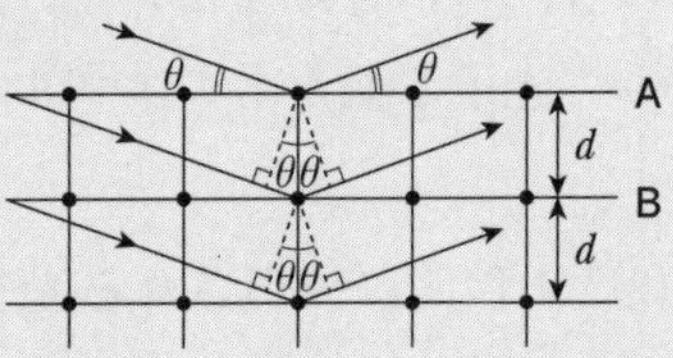

4 X線の粒子性……コンプトンは，一定の波長のX線を物質に当てると，散乱X線の中に入射X線の波長よりも波長の長いX線が存在することを発見した。また，アインシュタインの，X線を光子とし，その運動量を，$p=\dfrac{h\nu}{c}=\dfrac{h}{\lambda}$ とした考えに基づき，入射X線は電子に衝突してエネルギーを失い，その分だけ波長が長くなるという**コンプトン効果**を導いた。

□ **1** 下図は波長λのX線を結晶に投影したようすを表している。図中の□に適当な式を記入しなさい。

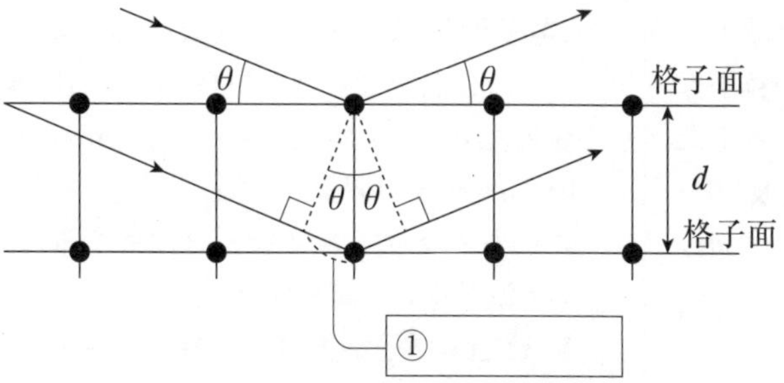

経路差は，② なので，反射X線が強め合う条件は，$n=1, 2, 3, \cdots$のとき，

③

□ **2** 胸部レントゲン検査では，加速電圧1.2×10^{5} VのX線が用いられている。プランク定数hを6.6×10^{-34} J・s，光速cを3.0×10^{8} m/s，電気素量eを1.6×10^{-19} Cとして，次の各問いに答えなさい。

(1) この検査装置で加速された電子のもつエネルギーを求めなさい。

(　　　　　　　　　　)

(2) この検査装置で発生するX線の最短波長を求めなさい。

(　　　　　　　　　　)

Check

↳ **2** 最短波長でのX線のエネルギーは，$E=eV=h\dfrac{c}{\lambda}$

□ **3** 右図のように，波長λの光子と，原点Oで静止した質量mの電子の弾性衝突でコンプトン効果を考える。プランク定数をh，光速をcとして次の各問いに答えなさい。

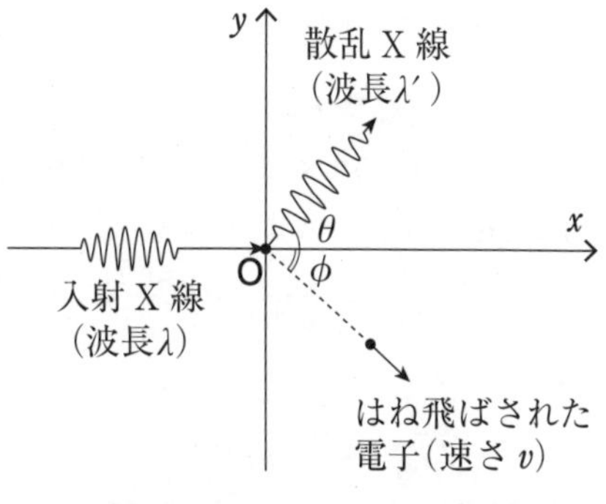

(1) エネルギー保存の法則より成り立つ関係式を答えなさい。

(　　　　　　　　　　)

(2) 運動量保存則より，x軸方向とy軸方向に成り立つ関係式をそれぞれ答えなさい。

x軸方向(　　　　　　　　)　y軸方向(　　　　　　　　)

(3) 散乱X線の波長λ'を求めなさい。ただし，$\lambda \fallingdotseq \lambda'$とし，$\dfrac{\lambda'}{\lambda}+\dfrac{\lambda}{\lambda'}\fallingdotseq 2$を用いること。

(　　　　　　　　　　)

↳ **3** 衝突の前後でエネルギーの総和，各成分の運動量の総和は保存される。

34 粒子の波動性

解答▸別冊P.17

POINTS

1 物質波……ド・ブロイは，光が波と粒子の2つの性質をもつならば，電子などの粒子もまた波の性質をもつのではないかと考えた。粒子を波動と考えたときの波を**物質波（ド・ブロイ波）**といい，粒子の運動量が$p(=mv)$の場合，プランク定数をhとすると，この粒子の波長は，

$$\lambda=\frac{h}{p}=\frac{h}{mv}$$

物質波は粒子の種類により，電子波，陽子波，中性子波などとよばれる。

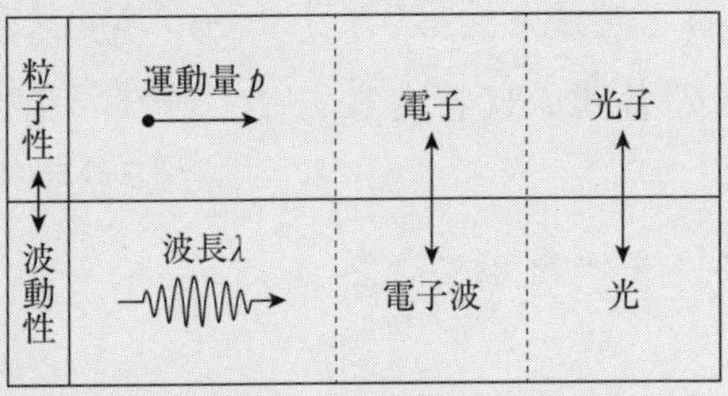

2 電子波……電子の波動性を表す現象としては，電子線を用いた結晶の回折などがある。この物質波が顕著になるのは，プランク定数が無視できない領域においてである。電子の質量をmとし，これを電圧Vで加速した場合，電子の運動エネルギーは$\frac{1}{2}mv^2=eV$なので，運動量pは，$p=mv=\sqrt{2meV}$となる。ここで，$m=9.1\times10^{-31}$ kg，$e=1.6\times10^{-19}$ C，$h=6.6\times10^{-34}$ J・s より，

$$\lambda=\frac{h}{p}=\frac{h}{mv}=\frac{h}{\sqrt{2meV}}\fallingdotseq\frac{1.2}{\sqrt{V}}\times10^{-9}$$

$V=150$ V の場合，

$$\lambda=\frac{1.2}{\sqrt{150}}\times10^{-9}\fallingdotseq1.0\times10^{-10}\text{ m}$$

この値は，X線の波長領域に相当する。つまり，X線の場合と同様に結晶を用いて回折像を得ることができると予想される。デビッソン，ガーマー，菊池正士などは，実際に電子波を結晶に当て，回折像が生じることを確認した。

3 電子顕微鏡……光学顕微鏡の分解能（異なった2点を2点として識別できる距離）は，可視光線の波長によって100 nm（$=100\times10^{-9}$ m）程度が限界となる。そのため，それより小さなウイルスなどを観察するには，電子波を用いた**電子顕微鏡**を用いる。

① **透過型電子顕微鏡**…試料となる物体を透過した電子線を観測する電子顕微鏡を**透過型電子顕微鏡（TEM）**という。

② **走査型電子顕微鏡**…試料となる物体に電子を照射し，試料物体から反射する電子や，試料物体表面から飛び出す二次電子などを観測する電子顕微鏡を**走査型電子顕微鏡（SEM）**という。

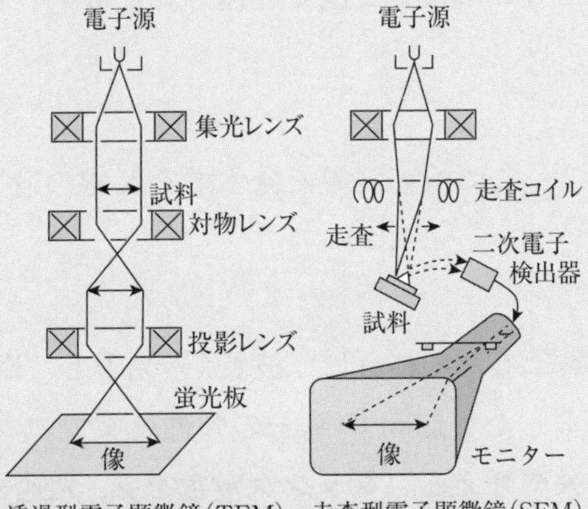

透過型電子顕微鏡（TEM）　走査型電子顕微鏡（SEM）

4 不確定性原理……ハイゼンベルクは，ミクロの世界では，粒子の**位置**と**運動量**は，同時に両方を正確に決定できないと述べた。粒子の位置の不確定さΔxと運動量の不確定さΔp_xの間には，$\Delta x\cdot\Delta p_x\geqq\frac{h}{4\pi}$という関係があり，$\Delta p_x$が小さくなれば$\Delta x$が大きくなり，逆に$\Delta x$が小さくなれば$\Delta p_x$が大きくなるので，同時に2つの量の確定的な値は決まらない。このことを，ハイゼンベルクの**不確定性原理**という。

□ **1** 次の文章中の□に適当な語句や式を記入しなさい。

ド・ブロイは光が電磁波としての[①　　　　]性と，光子としての[②　　　　]性の二重性をもつように，②として振る舞う電子にも①性があると考えた。波長λの光子の運動量の大きさpはプランク定数hを用いて，[③　　　　]と表すことができ，光子の振動数ν，真空中の光速cを用いて[④　　　　]と表すこともできる。質量mの電子についても同様の関係が成り立つとすると，速さvで進む電子の電子波の波長λは，m，v，hを用いて[⑤　　　　]と表すことができる。

□ **2** 陰極線が波長1.0×10^{-10} mの波動として観測された。次の各問いに答えなさい。

(1) 陰極線粒子の速さを求めなさい。ただし，電子の質量を9.1×10^{-31} kg，プランク定数を6.6×10^{-34} J・sとする。

(　　　　　　　　)

(2) 陰極線の加速電圧を求めなさい。ただし，電気素量を1.6×10^{-19} Cとする。

(　　　　　　　　)

Check

↳ **2** 陰極線は電子線ともいわれ，その粒子の正体は電子である。

□ **3** 質量0.15 kgの野球のボールが，144 km/hで投げられたときの物質波の波長を求めなさい。ただし，プランク定数を6.6×10^{-34} J・sとする。

(　　　　　　　　)

↳ **3** 波長が短いため，観測はできない。

□ **4** 静止した質量mの電子を電圧Vで加速して得られた電子線を，ある結晶に斜めに照射した。結晶内部の電位が外部に対してV_0だけ高い場合，電子は結晶内部に入るときに運動量が変化して屈折する。電気素量をe，プランク定数をhとして，次の各問いに答えなさい。ただし，入射の前後でV_0は一定であるとする。

(1) 結晶に入射する直前の電子波の波長を求めなさい。

(　　　　　　　　)

(2) 結晶に入射した直後の電子波の波長を求めなさい。

(　　　　　　　　)

↳ **4** 屈折の法則より，$\dfrac{\sin i}{\sin r}=\dfrac{\lambda_1}{\lambda_2}$なので，屈折の前後で波長は変化する。

35 原子の構造とエネルギー準位

解答▶別冊P.18

POINTS

1 原子モデル

① **トムソンモデル**…原子1個の大きさは0.1 nm程度とし，この中に正の電荷が一様に広がっていると考えた。

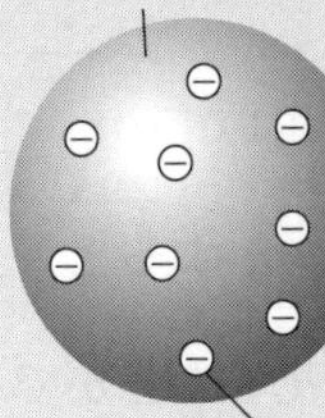

② **長岡半太郎モデル**…中心に正の電気量をもった重い球があり，そのまわりを多数の電子が規則正しく並んでまわっているとした。

③ **ラザフォードモデル**…ラザフォードらは，質量が電子の約7300倍のα粒子を金箔に照射して，α粒子の進路の変化から原子構造を調べた。そして，ほとんどのα粒子は金箔を素通りするが，一部のα粒子は進路が変わることを発見した。電子と衝突しても質量差からα粒子の進路は変わらないはずなので，α粒子の進路が変わるのは，正電荷が原子の中心の狭い部分に集中しているためと考えた。これを**原子核**という。原子核は，原子の質量の大部分を占めている。また，原子の大きさが約10^{-10} mに対し，原子核の大きさは約10^{-15}～10^{-14} mである。

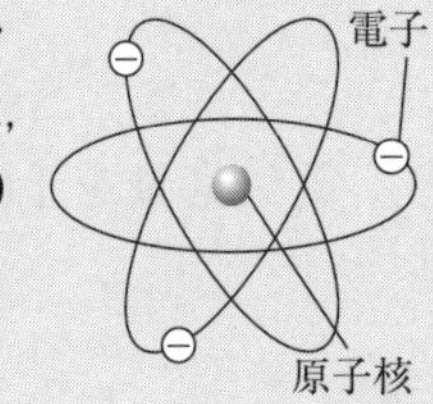

2 ボーアの原子モデル

……ラザフォードモデルでは，原子核のまわりで電子が円運動（加速度運動）を行うと，電磁波を放出してエネルギーを失い，軌道半径が小さくなって電子が原子核に近づく。これでは，原子が安定して存在することはできない。また，ラザフォードモデルでは放出される電磁波は連続スペクトルとなるが，実際には原子のスペクトルは線スペクトルとなる。これを解決したのが**ボーアモデル**である。

① **量子条件**…ボーアは，電子は一定の円軌道上にしか存在せず，その円軌道上では電磁波を放出しない安定した状態（**定常状態**）であるとした。電子の質量をm〔kg〕，速さをv〔m/s〕，軌道半径をr〔m〕とすると，定常状態の条件は，

$$mvr=n\frac{h}{2\pi}\quad(n=1,\ 2,\ 3,\ \cdots)$$

これを**量子条件**といい，nを**量子数**という。また，ド・ブロイの物質波から考えると，

$$2\pi r=n\frac{h}{mv}=n\lambda\quad(n=1,\ 2,\ 3,\ \cdots)$$

このことから，軌道の長さ$2\pi r$が波長の整数倍のとき，周回した波が重なり定在波ができ，安定した状態となることがわかる。

② **振動数条件**…定常状態の電子がもつエネルギーを**エネルギー準位**といい，原子がエネルギー準位E_nからE_mに移るときに振動数νの光子が1個放出される。このとき，エネルギー保存の法則より，

$$E_n-E_m=h\nu\quad(E_n>E_m)$$

これを，**振動数条件**という。

3 水素原子の線スペクトル

……バルマーは，水素原子の線スペクトルにおいて，可視光線領域の波長λの規則性を発見した。これを**バルマー系列**という。また，紫外線領域での規則性を**ライマン系列**，赤外線領域での規則性を**パッシェン系列**という。

これらをまとめると，

$$\frac{1}{\lambda}=R\left(\frac{1}{n'^2}-\frac{1}{n^2}\right)\quad\begin{pmatrix}n'=1,2,3,\cdots\\ n=n'+1,n'+2,n'+3,\cdots\end{pmatrix}$$

$n'=1$がライマン系列，$n'=2$がバルマー系列，$n'=3$がパッシェン系列となり，Rは**リュードベリ定数**とよばれ，1.10×10^7/mである。

□ **1** 図中の□に適当な式を記入しなさい。ただし，クーロンの法則の比例定数を k，プランク定数を h，量子数を n とする。

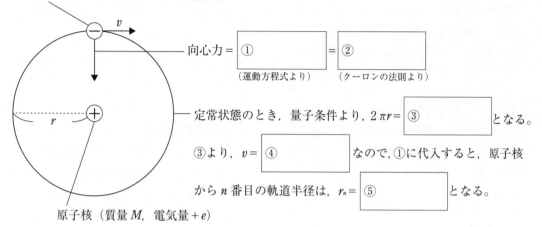

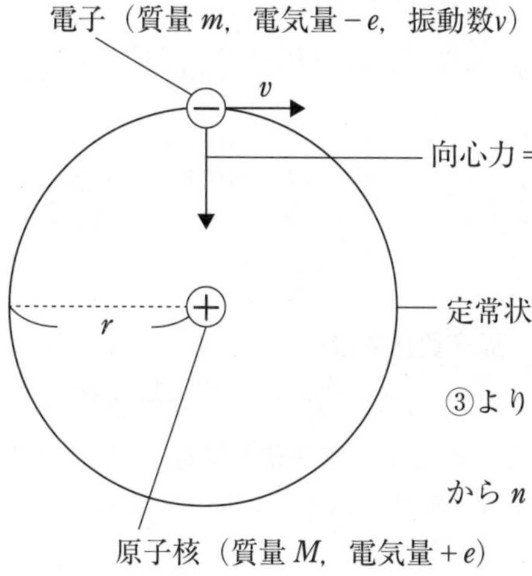

向心力＝ ①［　　］＝ ②［　　］
（運動方程式より）（クーロンの法則より）

定常状態のとき，量子条件より，$2\pi r=$ ③［　　］となる。

③より，$v=$ ④［　　］なので，①に代入すると，原子核から n 番目の軌道半径は，$r_n=$ ⑤［　　］となる。

□ **2** 水素スペクトルの値を観測すると，可視光線領域において最も長い波長は 6.563×10^{-7} m であった。次の各問いに答えなさい。

(1) バルマー系列が，$\lambda=\lambda_0\dfrac{n^2}{n^2-2^2}$ $(n=3,\ 4,\ 5,\ \cdots)$ で表されるとき，λ_0 を求めなさい。

（　　　　　　　　）

(2) リュードベリ定数を求めなさい。

（　　　　　　　　）

Check

2 バルマー系列において，$n=3$ のとき波長が最も長くなる。

□ **3** ボーアの水素原子モデルでは，n 番目の定常状態の電子の全エネルギー $E_n=-\dfrac{13.6}{n^2}$〔eV〕で表されることを示しなさい。ただし，電気素量 e を 1.602×10^{-19} C，電子の質量 m を 9.109×10^{-31} kg，クーロンの法則の比例定数 k を 8.987×10^{9} N・m^2/C^2，プランク定数 h を 6.626×10^{-34} J・s とする。

3 電子ボルトとジュールには次の関係が成り立つ。
$1\ \mathrm{eV}=1.602\times10^{-19}$ J

（　　　　　　　　）

36 原子核

解答▸別冊P.18

POINTS

1 原子核の構造……原子の中心には質量の大部分を占める**原子核**が存在している。原子核の大きさは，原子の大きさの1万分の1ほどである。原子核は陽子(記号 p)と中性子(記号 n)から構成され，これらを総称して**核子**といい，核子は**核力**という強い引力で結びついている。核力は陽子どうしの静電気力による斥力よりもはるかに強く，核力によって核子は狭い空間に集まり原子核を構成する。

① **原子番号**…原子核に含まれる陽子の数を**原子番号**という。原子番号によって原子の特徴が変わる。原子が電気的に中性の場合，電子の数は原子番号に等しくなる。

② **質量数**…陽子と中性子の数の和を**質量数**という。原子番号を Z，中性子の数を N，質量数を A とすると，

$$A=Z+N$$

2 同位体……原子番号 Z は同じだが，質量数 A が異なる，つまり中性子の数が異なる原子核をもつ原子のことを互いに**同位体(アイソトープ)**という。同位体が原子核のまわりにもつ電子の数は同じなので，化学的性質はほとんど同じになる。

水素原子核(陽子)	重水素原子核(デューテリウム)	三重水素原子核(トリチウム)
${}^{1}_{1}H({}^{1}_{1}p)$	${}^{2}_{1}H$	${}^{3}_{1}H$

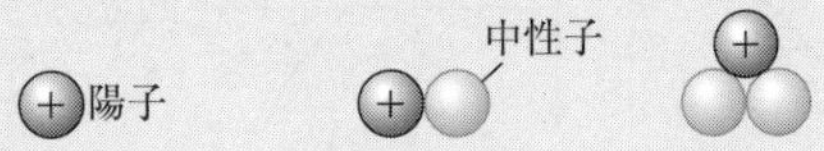

水素原子核	重水素原子核	三重水素原子核
質量数 $A=1$	質量数 $A=2$	質量数 $A=3$
原子番号 $Z=1$	原子番号 $Z=1$	原子番号 $Z=1$

3 統一原子質量単位……原子の質量は，質量数12の炭素原子(${}^{12}_{6}C$) 1個の $\frac{1}{12}$ の質量を1uと定めた**統一原子質量単位**で表す。${}^{12}_{6}C$ が1 mol (6.02×10^{23} 個)で12 g となるので，

$$1\,\mathrm{u}=\frac{12\times10^{-3}\,\mathrm{kg}}{6.02\times10^{23}}\times\frac{1}{12}\fallingdotseq1.66\times10^{-27}\,\mathrm{kg}$$

4 原子量……${}^{12}_{6}C$ 原子1個の質量を12としたときの原子1個の相対質量を，その元素の**原子量**という。元素に同位体が存在するときは，その存在比を考慮した相対質量が原子量となる。

同位体		質量〔u〕	存在比〔%〕
水素	${}^{1}_{1}H$	1.0078	99.972 ～ 99.999
	${}^{2}_{1}H$	2.0141	0.001 ～ 0.028
炭素	${}^{12}_{6}C$	12	98.84 ～ 99.04
	${}^{13}_{6}C$	13.0034	0.96 ～ 1.16
酸素	${}^{16}_{8}O$	15.9949	99.738 ～ 99.776
	${}^{17}_{8}O$	16.9991	0.0367 ～ 0.0400
	${}^{18}_{8}O$	17.9992	0.187 ～ 0.222

□ **1** 図中の□に適当な名称を記入しなさい。

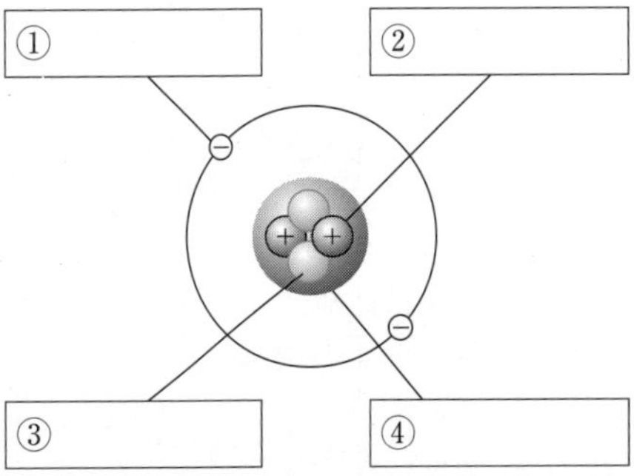

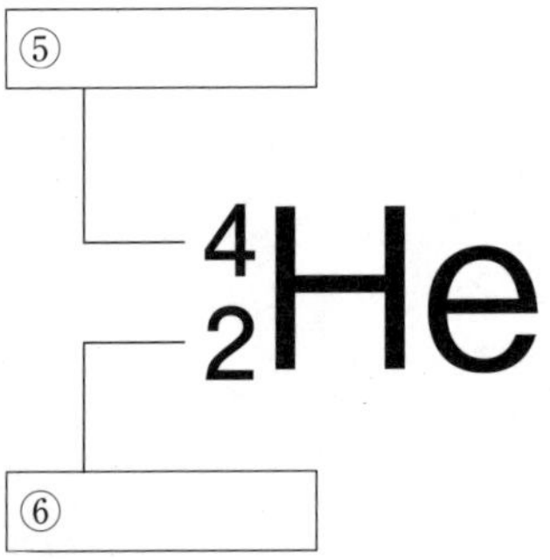

□ **2** 水素 $^1_1$H と重水素 $^2_1$H は，互いに同位体の関係にある。次の各問いに答えなさい。

(1) 水素 $^1_1$H と重水素 $^2_1$H について，原子核内の陽子の数をそれぞれ答えなさい。

$^1_1$H（　　　　　　）　$^2_1$H（　　　　　　）

(2) 水素 $^1_1$H と重水素 $^2_1$H について，原子核内の中性子の数をそれぞれ答えなさい。

$^1_1$H（　　　　　　）　$^2_1$H（　　　　　　）

(3) 水素 $^1_1$H と重水素 $^2_1$H について，原子核のまわりにある電子の数をそれぞれ答えなさい。

$^1_1$H（　　　　　　）　$^2_1$H（　　　　　　）

Check

2 陽子の数，電子の数が同じで，中性子の数が異なる原子を互いに同位体という。

□ **3** 原子量 1.008 の水素原子 1 個の質量は何 kg か求めなさい。ただし，1 u＝1.66×10^{-27} kg とする。

（　　　　　　）

□ **4** 電子 1 個の質量 9.1×10^{-31} kg は何 u か求めなさい。ただし，1 u＝1.66×10^{-27} kg とする。

（　　　　　　）

□ **5** 炭素の同位体の質量と存在比が右の表で示されるとき，炭素の原子量を有効数字 4 桁で求めなさい。

同位体	質量〔u〕	存在比〔%〕
炭素 $^{12}_{6}$C	12	98.84
$^{13}_{6}$C	13.0034	1.16

（　　　　　　）

□ **6** 窒素の原子量を 14.0067 とし，窒素の同位体を $^{14}_{7}$N と $^{15}_{7}$N の 2 種類とする。同位体の質量がそれぞれ右の表の値とするとき，2 種類の同位体の存在比はそれぞれ何%になるか。小数第 2 位まで求めなさい。

同位体	質量〔u〕
窒素 $^{14}_{7}$N	14.0031
$^{15}_{7}$N	15.0001

$^{14}_{7}$N（　　　　　　）　$^{15}_{7}$N（　　　　　　）

37 放射線とその性質

解答▸別冊P.19

POINTS

1 放射線……不安定な原子核は自然に高エネルギーの粒子や電磁波を出す。これを**放射線**という。この性質を**放射能**といい，放射能をもった物質や原子核を，**放射性物質**や**放射性原子核**という。放射性原子核が放射線を出し，ほかの原子核に変わる現象を**放射性崩壊**という。また，放射能をもつ同位体を**放射性同位体(ラジオアイソトープ)**という。主な放射線である，α線，β線，γ線は磁場中の曲がり方で区別することができ，α線は正の電気量，β線は負の電気量をもち，γ線は電気的に中性であることがわかる。

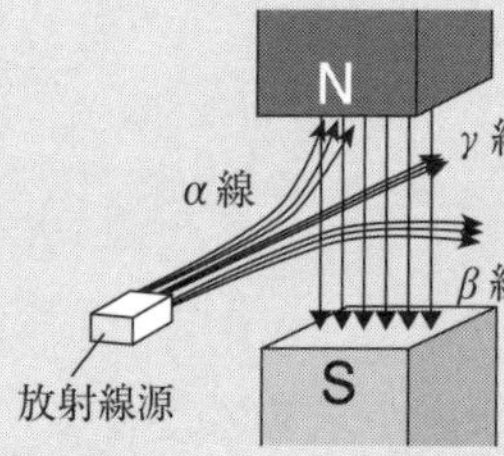

また，放射線には物質を透過する**透過力**と，物質中の原子から電子をはじき飛ばして原子をイオン化する**電離作用**がある。高速の中性子，陽子，電子などの粒子の流れやX線などの高エネルギーの電磁波も電離作用をもつので，放射線といわれる。

① **α線**…高速のヘリウム $^{4}_{2}\mathrm{He}$ の原子核の流れを**α線**という。α線を放出すると，質量数が4，原子番号が2だけ小さい原子核に変化する。α線を出してほかの原子核に変わることを**α崩壊**という。α線は，物質を透過する作用は弱く，電離作用は強い。

② **β線**…高速の電子の流れを**β線**という。β線を放出すると，陽子の数が1個増加して原子番号は1大きくなるが，中性子が1個減少するので質量数は変わらない。β線を出してほかの原子核に変わることを**β崩壊**という。β崩壊で放出されるβ線は原子核のまわりにある電子ではなく，原子核中の中性子が陽子に変化するときに放出される電子である。透過力はα線よりも強く，電離作用はα線より弱い。

③ **γ線**…X線よりもさらに波長の短い電磁波を**γ線**という。電荷をもたないので，電場や磁場で曲がらない。透過力は強く，電離作用は弱い。

放射線	本体	電離作用
α線	ヘリウム原子核	強
β線	電子	中
γ線，X線	波長の短い電磁波	弱
中性子線	中性子	弱

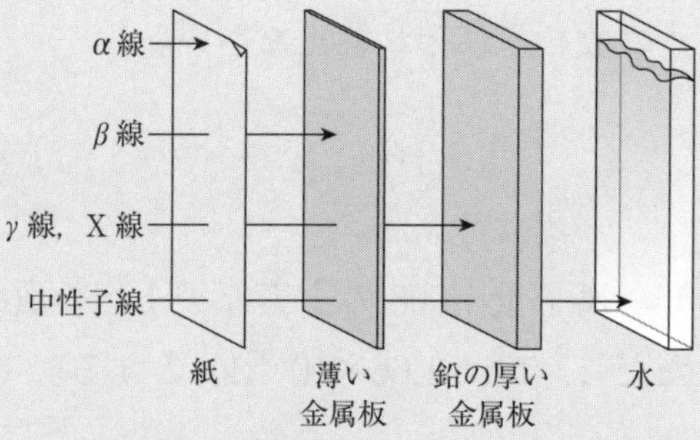

2 半減期……放射性原子核の数は放射性崩壊によって時間とともに減少する。放射性原子核の数がもとの数の半分になるまでの時間を**半減期**という。半減期は原子核の種類によって決まり，同じ元素でも同位体の種類によって異なる。半減期を T とし，はじめの原子核の数を N_0，時間 t だけ経過後の原子核の数を N とすると，次の関係式が成り立つ。

$$N=N_0\times\left(\frac{1}{2}\right)^{\frac{t}{T}}$$

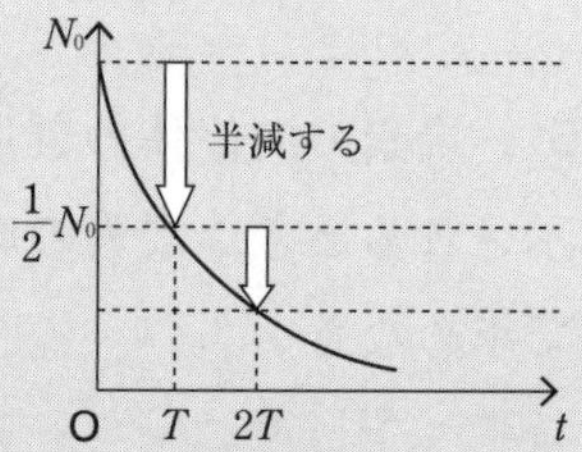

3 崩壊系列……放射性崩壊した後の原子核も不安定で放射能をもつことが多く，安定な原子核になるまで放射性崩壊を続ける。この連続的に放射性崩壊が続く系列をまとめたものを**崩壊系列**という。崩壊系列は，トリウム系列，ウラン系列，アクチニウム系列，ネプツニウム系列の4種類がある。

□ **1** 図中の□に適当な放射線の名称を記入しなさい。

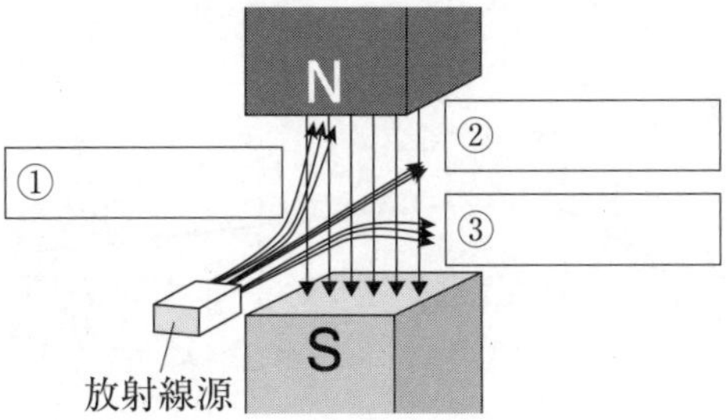

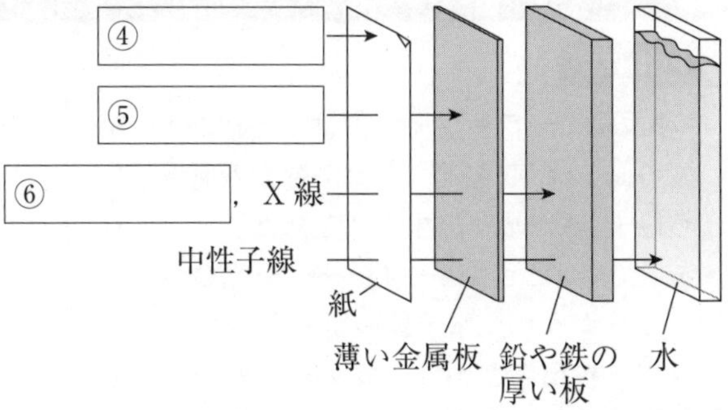

□ **2** ウラン 238（$^{238}_{92}U$）が，安定した鉛（$^{206}_{82}Pb$）になるまでに，α崩壊およびβ崩壊をそれぞれ何回ずつ行うか，求めなさい。

α崩壊（　　　　　　　　）　β崩壊（　　　　　　　　）

Check

2 α崩壊は原子核の質量数が 4 減少し，原子番号が 2 減少する。β崩壊は原子番号が 1 増加する。

□ **3** 大気中の炭素の同位体 $^{14}_{6}C$ の存在比は，ほぼ一定に保たれていると考えられている。そのため，植物が光合成のときに吸収する CO_2 に含まれる $^{14}_{6}C$ の割合やその体内に含まれる $^{14}_{6}C$ の割合も，大気中の存在比と同じ割合で一定である。しかし，植物が枯れると体内の $^{14}_{6}C$ は崩壊して減少する。ある枯れた木に含まれる $^{14}_{6}C$ の割合は，枯れていない木の中に含まれる $^{14}_{6}C$ に対して 70.7％であった。この木が枯れたのは何年前か求めなさい。ただし，$^{14}_{6}C$ の半減期を 5.70×10^{3} 年とし，$0.707=\dfrac{1}{\sqrt{2}}$とする。

（　　　　　　　　）

3 枯れていない木の中に含まれる $^{14}_{6}C$ を N_0 として考える。

□ **4** ウランの同位体 $^{238}_{92}U$ と $^{235}_{92}U$ の半減期は，それぞれ 45 億年と 7 億年である。もし，地球誕生直後の 45 億年前にこれらの同位体の存在比が等しかったとすれば，現在，$^{238}_{92}U$ は $^{235}_{92}U$ の何倍存在するか，求めなさい。ただし，$2^{6.4}=84$ する。

（　　　　　　　　）

4 45 億年前の $^{238}_{92}U$ と $^{235}_{92}U$ の原子核の数が等しいと考える。

38 核反応と核エネルギー

解答▸別冊P.19

POINTS

1 核反応……ラザフォードはα粒子 $^{4}_{2}\mathrm{He}$ を窒素の原子核 $^{14}_{7}\mathrm{N}$ に当てると，窒素の原子核から陽子 $^{1}_{1}\mathrm{H}$ が飛び出すことを発見した。これを式で表すと，$^{4}_{2}\mathrm{He}+^{14}_{7}\mathrm{N}\longrightarrow ^{1}_{1}\mathrm{H}+^{17}_{8}\mathrm{O}$ となる。

このように，原子核の組みかえが起こる反応を**核反応**といい，核反応を表す式を**核反応式**という。陽子は $^{1}_{1}\mathrm{p}$ と表す場合もあり，中性子は $^{1}_{0}\mathrm{n}$ と表す。一般に，核反応の前後で質量数の和と陽子数(電気量)の和は変化しない。

2 質量欠損……ばらばらの核子が結合して原子核になると，核子の質量の和よりも原子核の質量のほうが小さくなる。この差を**質量欠損**という。原子番号 Z で質量数 A の原子核は，Z 個の陽子と $A-Z$ 個の中性子からなり，原子核の質量を M，陽子の質量を m_{p}，中性子の質量を m_{n} とすると，質量欠損 Δm は，

$$\Delta m=Zm_{\mathrm{p}}+(A-Z)m_{\mathrm{n}}-M$$

3 質量とエネルギーの等価性……アインシュタインの提唱した特殊相対性理論によれば，質量とエネルギーは同等であり，静止している物体のエネルギー E と質量 m の関係は，光速 c を用いて表すと，

$$E=mc^2$$

4 結合エネルギー……質量欠損 Δm に対応するエネルギーは，

$$\Delta mc^2=Zm_{\mathrm{p}}c^2+(A-Z)m_{\mathrm{n}}c^2-Mc^2$$

この Δmc^2 を原子核の**結合エネルギー**といい，原子核の核子をばらばらの状態にするのに必要なエネルギーである。Δmc^2 を質量数 A で割ったものを，**核子1個あたりの結合エネルギー**といい，これは原子核から核子1個を取り出すのに必要なエネルギーなので，この値が大きいほど安定した原子核といえる。質量数が 50～60 でその値が大きく安定した原子核といえ，特に鉄 Fe が 8.8 MeV 程度で最大となる。

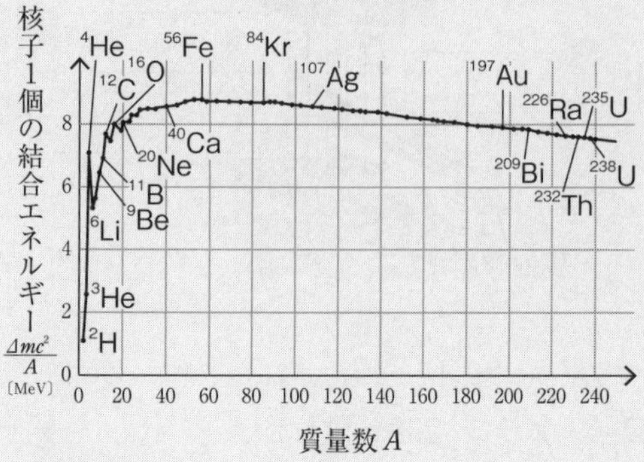

5 核分裂……1つの原子核がいくつかの原子核に分かれる反応を**核分裂**といい，反応前後の質量差 Δm による核エネルギー Δmc^2 が放出される。このように，核反応によって放出されるエネルギーを**核エネルギー**という。核分裂によって発生した中性子がほかの原子核に当たり，新たな核分裂を次々と起こす現象を**連鎖反応**という。中性子の数を制御して連鎖反応が持続する状態を**臨界**といい，臨界を維持するのに必要な物質の量を**臨界量**という。

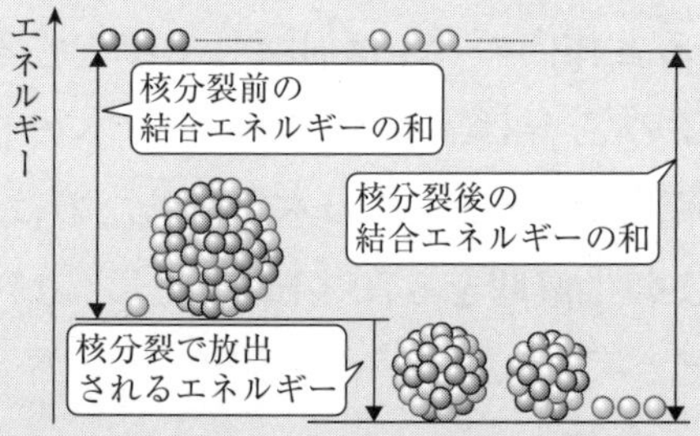

6 核融合……いくつかの原子核が反応して，より質量数の大きい原子核ができる反応を**核融合**といい，反応前後の質量差 Δm による核エネルギー Δmc^2 が放出される。

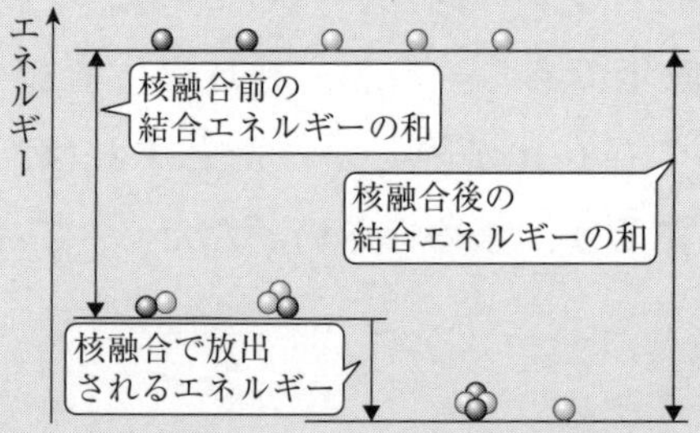

□ **1** 光速を c として，図中の□に適当な式を記入しなさい。

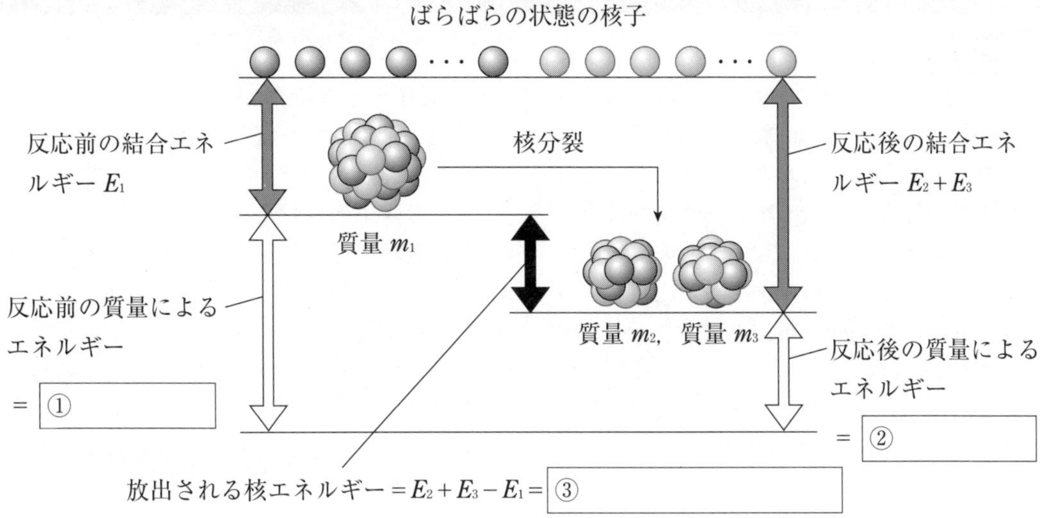

□ **2** 重水素の原子核 $^2_1$H について，次の各問いに答えなさい。ただし，陽子の質量を 1.673×10^{-27} kg，中性子の質量を 1.675×10^{-27} kg，重水素の原子核の質量を 3.344×10^{-27} kg，光速を 3.00×10^8 m/s とする。

(1) 重水素の原子核 $^2_1$H の質量欠損を求めなさい。

(　　　　　　　　　　　　　　)

(2) 重水素の原子核 $^2_1$H の結合エネルギーを求めなさい。

(　　　　　　　　　　　　　　)

Check

2 質量とエネルギーの等価性により，
$E=mc^2$

□ **3** 陽子に 0.6 MeV の運動エネルギーを与えて，静止しているリチウムの原子核 $^7_3$Li に当てたところ，2 個のヘリウムの原子核 $^4_2$He が放出された。このとき，2 個のヘリウム原子核の運動エネルギーの和は 17.9 MeV であった。質量とエネルギーの等価性が成り立つことを確かめなさい。ただし，陽子の質量 m_p を 1.6726×10^{-27} kg，リチウムの原子核の質量 m_{Li} を 11.6478×10^{-27} kg，ヘリウムの原子核の質量 m_{He} を 6.6448×10^{-27} kg，光速 c を 3.00×10^8 m/s，1 eV＝1.60×10^{-19} J とする。

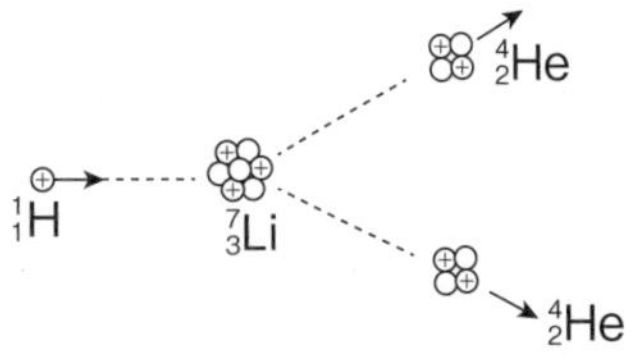

3 質量によるエネルギーと運動エネルギーが等しくなることを確認する。

(　　　　　　　　　　　　　　)

39 素粒子

解答 ▸ 別冊P.20

POINTS

1 素粒子……物質構造において，それ以上小さな構造のない基本的粒子を**素粒子**という。現在，素粒子と考えられているのは，陽子や中性子などを構成している**クォーク**と，電子やニュートリノに代表される**レプトン**である。クォークは単独の粒子としては発見されていないが，理論的に6種類あることが確認されている。レプトンは電子，ミュー粒子，タウ粒子とそれらに付随するニュートリノの6種類がある。

① **ハドロン**…クォークは複数が組み合わさったものが発見されている。このような複合粒子を**ハドロン**という。強い力で作用し合い，核子やπ中間子などがある。ハドロンは3つのクォークで構成される**バリオン（重粒子）**と，クォークと反クォークで構成される**メソン（中間子）**に分けられる。

② **レプトン**…強い力がはたらかない粒子を**レプトン（軽粒子）**という。電子，ニュートリノ，ミュー粒子などがある。

③ **ゲージ粒子**…電磁気力を媒介するフォトン，弱い相互作用を媒介するウィークボソンなど，力を媒介する粒子を**ゲージ粒子**という。

④ **ヒッグス粒子**…物質に質量を与える素粒子を**ヒッグス粒子**という。

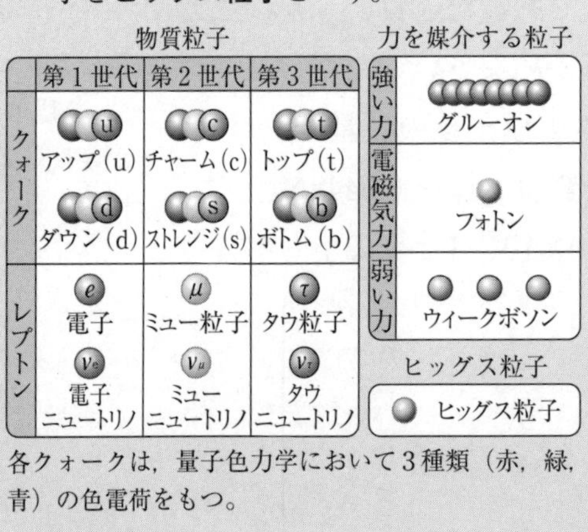

各クォークは，量子色力学において3種類（赤，緑，青）の色電荷をもつ。

2 反粒子……素粒子と同じ質量，同じ大きさの電気量をもち，電気量の符号が反対である粒子を**反粒子**という。電子の反粒子は陽電子，陽子の反粒子は反陽子である。すべての素粒子に反粒子が存在すると考えられており，反粒子でできた物質を**反物質**という。粒子と反粒子が衝突すると合体して消滅し，エネルギー（γ線など）が発生する現象を**対消滅**という。逆に，エネルギーから粒子と反粒子が生成される現象を**対生成**という。

3 基本的な力と標準模型……自然界に存在する基本的な力は表の4つである。

基本的な力の名称	相対的な力の強さ	例	力を媒介する粒子
強い力	1	核力など	グルーオン
電磁気力	10^{-2}	電磁気力	フォトン
弱い力	10^{-5}	β崩壊など	ウィークボソン
重力	10^{-38}	万有引力	重力子（未発見）

これらの力について説明する1つの枠組を**標準模型**という。標準模型の素粒子は，クォーク，レプトン，ゲージ粒子，ヒッグス粒子が含まれる。しかし，標準模型には基本的な力の1つである重力が含まれておらず，強い力，電磁気力，弱い力に加え，重力も含めた統一理論についての研究が行われている。

4 素粒子と宇宙論……ガモフが提唱したビッグバン理論では，宇宙は約138億年前に起こった**ビッグバン（爆発的膨張）**から始まったとされ，宇宙は非常に高温・高密度の状態から急速に膨張して温度が下がり，素粒子が誕生したと考えられている。基本的な4つの力も，このころに生じたと考えられている。

□ **1** 次の文章中の□に適当な数値を記入しなさい。

陽子や中性子は，アップクォーク(u)とダウンクォーク(d)の組み合わせで構成されており，そのクォークの数の和は ① ☐ 個である。陽子や中性子の電気量はクォークの電気量の和と考えられる。電気素量を e とすると，アップクォークの電荷は $+\frac{2}{3}e$，ダウンクォークの電荷は $-\frac{1}{3}e$ なので，陽子はアップクォーク ② ☐ 個とダウンクォーク ③ ☐ 個で構成され，中性子は，アップクォーク ④ ☐ 個とダウンクォーク ⑤ ☐ 個で構成されていると考えられる。

陽子　中性子　クォーク

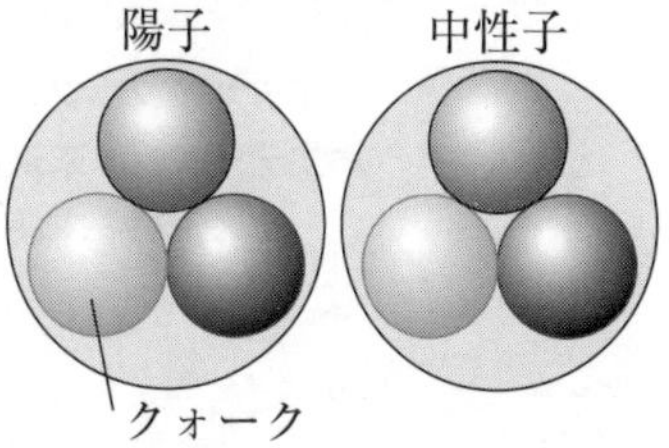

□ **2** 右図は中性子nがβ崩壊して陽子pになるようすを表している。中性子がβ崩壊するときの核反応式を書きなさい。

（　　　　　　　　　　　）

中性子n　陽子p　反電子ニュートリノ $\overline{\nu_e}$　電子 e^-

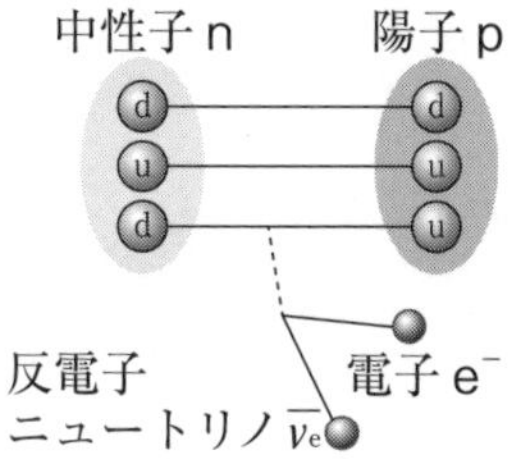

✓Check

▸ **2** β崩壊すると，中性子が陽子に変化し，電子と反電子ニュートリノが放出される。

□ **3** 中間子の1つであるπ中間子は，クォークu，dと反クォーク$\overline{u}$，$\overline{d}$で構成され，電気量によってπ^+，π^-，π^0に分類される。電気素量をeとして，次の各問いに答えなさい。

(1) π中間子のうち，電気量が$+e$のπ^+を構成するクォークと反クォークの組み合わせを答えなさい。

（　　　　　　　　　　　）

(2) π中間子のうち，電気量が$-e$のπ^-を構成するクォークと反クォークの組み合わせを答えなさい。

（　　　　　　　　　　　）

(3) π中間子のうち，電気量が0のπ^0を構成するクォークと反クォークの組み合わせをすべて答えなさい。

（　　　　　　　　　　　）

▸ **3** クォークの反粒子を反クォークという。π中間子は，クォークと反クォークが1個ずつ組み合わさったもので構成される。

□ **4** 静止した電子と陽電子が対消滅し，2つのエネルギーの等しいγ線光子が発生した。γ線の波長を求めなさい。ただし，電子と陽電子の質量mを9.11×10^{-31} kg，プランク定数hを6.63×10^{-34} J・s，光速cを3.00×10^8 m/sとする。

（　　　　　　　　　　　）

▸ **4** 光子1個のエネルギーは，
$$E=h\nu=\frac{hc}{\lambda}$$

装丁デザイン　ブックデザイン研究所
本文デザイン　未来舎
図　版　太洋社

本書に関する最新情報は，小社ホームページにある**本書の「サポート情報」**をご覧ください。（開設していない場合もございます。）
なお，この本の内容についての責任は小社にあり，内容に関するご質問は直接小社におよせください。

高校 トレーニングノートα 物理

編著者　高校教育研究会
川村康文
発行者　岡本明剛
印刷所　太洋社

発行所　受験研究社

〒550-0013 大阪市西区新町2丁目19番15号
注文・不良品などについて：(06)6532-1581(代表)／本の内容について：(06)6532-1586(編集)

Printed in Japan　高廣製本
落丁・乱丁本はお取り替えします。

第1章　力と運動

① 平面の運動　(p.2〜p.3)

1 ① $\dfrac{\vec{x_2}-\vec{x_1}}{\Delta t}$　② $\dfrac{\vec{v_2}-\vec{v_1}}{\Delta t}$

解説 ① $\vec{v}=\dfrac{\Delta\vec{x}}{\Delta t}=\dfrac{\vec{x_2}-\vec{x_1}}{\Delta t}$

② $\vec{a}=\dfrac{\Delta\vec{v}}{\Delta t}=\dfrac{\vec{v_2}-\vec{v_1}}{\Delta t}$

参考　ベクトルの表記

ベクトルの表記の方法は，文字の上に→を書く。v と $\vec{v}$ では意味が異なるので，ベクトルの表記には注意すること。

2 (1) **45 s**　(2) **36 s**　(3) **5.0 m/s**

解説 (1) 川の流れと同じ方向に進む場合の速度は，5.0 m/s＋3.0 m/s＝8.0 m/s

川の流れと逆方向に進む場合の速度は，

5.0 m/s－3.0 m/s＝2.0 m/s

72 m 往復するのにかかる時間は，

$\dfrac{72\text{ m}}{8.0\text{ m/s}}+\dfrac{72\text{ m}}{2.0\text{ m/s}}=45\text{ s}$

(2) 川の流れと直角に進む場合の速度は，右図のように 4.0 m/s と求められる。よって，72 m 往復するのにかかる時間は，

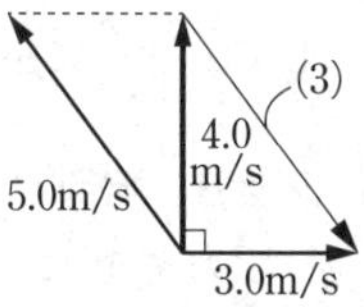

$\dfrac{72\text{ m}\times2}{4.0\text{ m/s}}=36\text{ s}$

(3) (2)の図より，5.0 m/s となる。

3 **25 km/h**

解説 雨粒の地面に対する速度は，右図より 25 km/h となる。

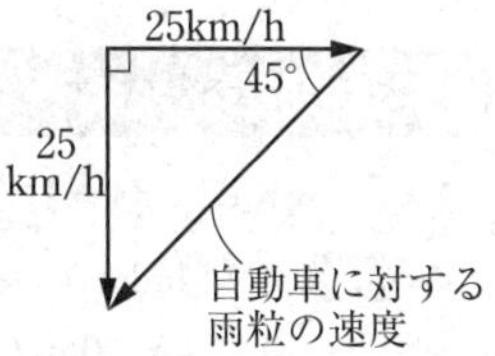

4 (1) **(−12，−9)**　(2) **(20，15)**

解説 (1) 3 秒後の位置は，自動車 A(12，0)，自動車 B(0，−9) より，(0−12，−9−0)＝(−12，−9)

(2) 5 秒後の位置は，

自動車 A(20，0)，自動車 B(0，−15) より，

(20−0，0−(−15))＝(20，15)

② 落体の運動　(p.4〜p.5)

1 ① $\boldsymbol{v_0t}$　② $\dfrac{1}{2}gt^2$

③

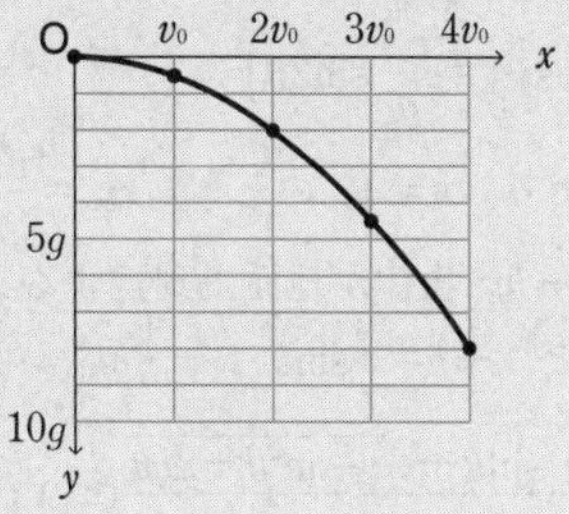

解説 水平方向には等速度運動，鉛直方向には自由落下と同じ運動をしている。

2

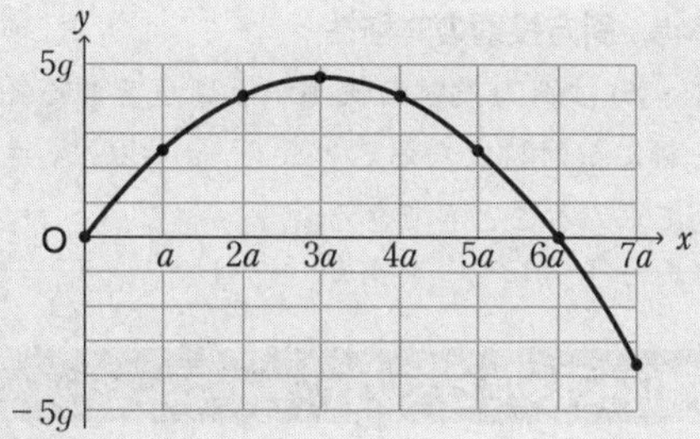

解説 水平方向には $v_x=v_0\cos\theta=a$，$x=at$ の等速度運動をしている。

鉛直方向には $v_y=v_0\sin\theta-gt=3g-gt$，$y=3gt-\dfrac{1}{2}gt^2$ の鉛直投げ上げと同じ運動をしている。

3 (1) $\boldsymbol{v_0\cos\theta}$　(2) $\dfrac{v_0}{g}\sin\theta$

(3) $\dfrac{v_0^2}{g}\sin\theta\cos\theta\left(\text{または}\dfrac{v_0^2}{2g}\sin2\theta\right)$

(4) $\dfrac{2v_0}{g}\sin\theta$

(5) $\dfrac{2v_0^2}{g}\sin\theta\cos\theta\left(\text{または}\dfrac{v_0^2}{g}\sin2\theta\right)$

(6) **仰角：45°，** x_{max} ： $\dfrac{v_0^2}{g}$

(7) $v_0\cos\theta\cdot\dfrac{v_0\sin\theta+\sqrt{v_0^2\sin^2\theta+2gh}}{g}$

解説 (1) 最高点では鉛直方向の速度は 0 となるが，水平方向の速度は初速度の水平成分がそのまま保たれる。

(2) 速度の y 成分が 0 なので，$0=v_0\sin\theta-gt_1$ より，

$t_1=\dfrac{v_0}{g}\sin\theta$

(3) $x_1=v_0\cos\theta\cdot t_1$ より，$x_1=\dfrac{v_0{}^2}{g}\sin\theta\cos\theta\left(=\dfrac{v_0{}^2}{2g}\sin 2\theta\right)$

(4) $y=0$ なので，$0=v_0\sin\theta\cdot t_2-\dfrac{1}{2}gt_2{}^2$ より，

$t_2=\dfrac{2v_0}{g}\sin\theta$

(5) $x_2=v_0\cos\theta\cdot t_2$ より，

$x_2=\dfrac{2v_0{}^2}{g}\sin\theta\cos\theta\left(=\dfrac{v_0{}^2}{g}\sin 2\theta\right)$

(6) $x_2=\dfrac{v_0{}^2}{g}\sin 2\theta$ より，$\theta=45°$ のとき，$x_{max}=\dfrac{v_0{}^2}{g}$

(7) 地面の高度を $-h$，物体が地面に到達するまでの時間を t_h とすると，$-h=v_0\sin\theta\cdot t_h-\dfrac{1}{2}gt_h{}^2$

$t_h>0$ より，$t_h=\dfrac{v_0\sin\theta+\sqrt{v_0{}^2\sin^2\theta+2gh}}{g}$ なので，

$x_h=v_0\cos\theta\cdot t_h=v_0\cos\theta\cdot\dfrac{v_0\sin\theta+\sqrt{v_0{}^2\sin^2\theta+2gh}}{g}$

参考　斜方投射の対称性

(4)・(5) は斜方投射の軌跡が最高点を通る鉛直線を軸に線対称となることから，$t_2=2t_1$，$x_2=2x_1$ として求めることもできる。

③ 剛体にはたらく力 （p.6～p.7）

1 ① $L\sin\theta$　② $FL\sin\theta$

③

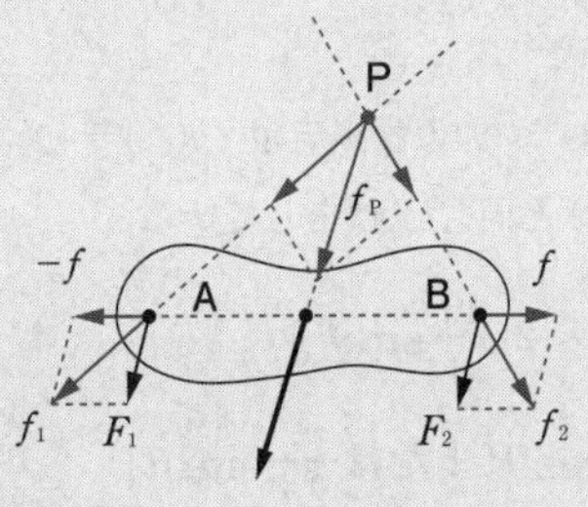

解説 ① 点 O から力の作用線への垂線の長さを求める。

② 力 F を分解すると，物体を回転させる成分は $F\sin\theta$ となることからも求められる。

③ 2 力が平行な場合は，そのままでは 2 力の作用線の交点を求めることができないので，つりあう 2 力 $-f$, f を剛体上の点 A，B にそれぞれ加える。F_1 との合力を f_1，F_2 との合力を f_2 とすると，f_1 と f_2 の作用線が交わる点 P まで f_1 と f_2 を平行移動し，合力 f_P を求める。

重要事項　力の移動

力を作用線上で移動させても，物体に与える影響は変わらない。

2 (1) 重心　(2) $m_1gL_1-m_2gL_2=0$

(3) $\dfrac{m_1x_1+m_2x_2}{m_1+m_2}$　(4) $\dfrac{\sum_{i=1}^{n}m_ix_i}{\sum_{i=1}^{n}m_i}$

解説 (1) 物体にはたらく重力の合力の作用点を重心という。重心のまわりの重力のモーメントの和は 0 になる。

(2) 質点 A にはたらく力の大きさは m_1g，質点 B にはたらく力の大きさは m_2g となる。

(3) $m_1gL_1=m_2gL_2$ より，$m_1g(x-x_1)=m_2g(x_2-x)$

よって，$x=\dfrac{m_1x_1+m_2x_2}{m_1+m_2}$

(4) n 個の質点よりできている場合は，

$$x=\frac{m_1x_1+m_2x_2+\cdots+m_nx_n}{m_1+m_2+\cdots+m_n}=\frac{\sum_{i=1}^{n}m_ix_i}{\sum_{i=1}^{n}m_i}$$

3 (1) μ_0mg　(2) $\dfrac{mgd}{h}$　(3) $\mu_0>\dfrac{d}{h}$

(1) 張力 T が最大摩擦力より大きいとき，物体は滑り出すので，μ_0mg となる。

(2) 点 O のまわりの力のモーメントのつり合いは，$Th=mgd$ より，$T=\dfrac{mgd}{h}$ となる。

(3) $T<\mu_0mg$ のとき，物体は滑り出さない。また，(2)より，物体が倒れる直前の張力 $T=\dfrac{mgd}{h}$ を代入して，$\dfrac{mgd}{h}<\mu_0mg$ より，$\mu_0>\dfrac{d}{h}$ となる。

注意　転倒する物体

張力 T を大きくすると，垂直抗力の作用点は点 O に近づき，転倒する直前の作用点は点 O になる。

④ 運動量 （p.8～p.9）

1 ① -6.0　② -12　③ 1.2×10^3

解説 ① 144 km/h＝40 m/s より，

$F\varDelta t=0.15\,\text{kg}\times0\,\text{m/s}-0.15\,\text{kg}\times40\,\text{m/s}$
$=-6.0$〔N・s〕

② $F\varDelta t=0.15\,\text{kg}\times(-40\,\text{m/s})-0.15\,\text{kg}\times40\,\text{m/s}$
$=-12$〔N・s〕

③ ②より，F〔N〕×0.010 s＝12 N・s

$F=1.2\times10^3$〔N〕

2 $v_A:\dfrac{1}{2}v$，$v_B:\dfrac{\sqrt{3}}{2}v$

解説　x 成分と y 成分の運動量保存則を考える。

x 成分：$mv=mv_A\cos 60°+mv_B\cos 30°$

$$v=\frac{1}{2}v_A+\frac{\sqrt{3}}{2}v_B \quad \cdots\cdots①$$

y 成分：$0=-mv_A\sin 60°+mv_B\sin 30°$

$$=-\frac{\sqrt{3}}{2}v_A+\frac{1}{2}v_B$$

$$v_B=\sqrt{3}\,v_A \quad \cdots\cdots②$$

①，②より，$v_A=\frac{1}{2}v$，$v_B=\frac{\sqrt{3}}{2}v$

3 (1) $\dfrac{mv+MV_0}{m+M}$　(2) $\dfrac{M(v-V_0)^2}{2\mu(m+M)g}$

解説　(1) 飛行機が着艦して船上で静止したときの船の速さを V とする。運動量保存則より，

$mv+MV_0=(m+M)V$ となり，$V=\dfrac{mv+MV_0}{m+M}$

(2) 飛行機が着艦して t 秒後に船上で静止するとし，そのときの船の速さを V とする。

飛行機と船の間には動摩擦力 μmg がはたらくので，飛行機の加速度を a_1，船の加速度を a_2 とすると，運動方程式は次のようになる。

飛行機：$ma_1=-\mu mg$　　$a_1=-\mu g$

船：$Ma_2=\mu mg$　　$a_2=\mu\dfrac{m}{M}g$

これより，$V=v-\mu gt=V_0+\mu\dfrac{m}{M}gt$ となり，

$$t=\frac{M(v-V_0)}{\mu(m+M)g} \quad \cdots\cdots①$$

t 秒間に飛行機が進む距離を x_1，船が進む距離を x_2 とすると，

$$x_1=vt-\frac{1}{2}\mu gt^2 \quad \cdots\cdots②$$

$$x_2=V_0t+\frac{1}{2}\mu\frac{m}{M}gt^2 \quad \cdots\cdots③$$

必要な滑走路の長さを L とすると，

$$L=x_1-x_2 \quad \cdots\cdots④$$

④に①～③を代入すると，$L=\dfrac{M(v-V_0)^2}{2\mu(m+M)g}$

別解　右図の v−t グラフの面積はそれぞれが移動した距離を表し，その差が必要な滑走路の長さとなる。

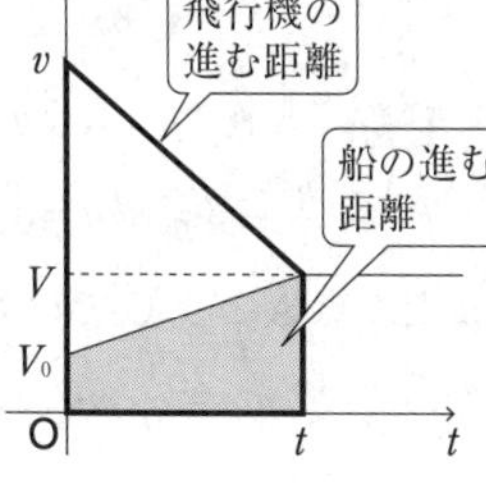

よって，

$$L=\frac{1}{2}(v-V_0)t$$

$$=\frac{M(v-V_0)^2}{2\mu(m+M)g}$$

4 (1) $\sqrt{\dfrac{2h_0}{g}}$　(2) $\sqrt{2gh_0}$　(3) $e\sqrt{2gh_0}$

(4) $e\sqrt{\dfrac{2h_0}{g}}$　(5) e^2h_0　(6) $e\sqrt{\dfrac{2h_0}{g}}$

解説　(1) $h_0=\dfrac{1}{2}gt_0^2$ より，$t_0=\sqrt{\dfrac{2h_0}{g}}$

(2) $v_0=gt_0=\sqrt{2gh_0}$

(3) $v_1=ev_0=e\sqrt{2gh_0}$

(4) 最高点での速さは 0 なので，

$0=v_1-gt_1$ より，$t_1=e\sqrt{\dfrac{2h_0}{g}}\,(=et_0)$

(5) $0^2-v_1^2=-2gh_1$ より，$h_1=e^2h_0$

(6) 再び床に衝突するまでの時間は t_1 と等しい。

⑤ 等速円運動 (p.10～p.11)

1 ① $\dfrac{2\pi}{\omega}$　② $\dfrac{\omega}{2\pi}$　③ $r\omega$　④ $r\omega^2$

解説　① $T=\dfrac{2\pi}{\omega}$

② $f=\dfrac{1}{T}=\dfrac{\omega}{2\pi}$

③ $v=r\omega$

④ $a=r\omega^2$

2 (1) $\dfrac{4\pi^2mr}{T^2}$　(2) $\dfrac{2\pi r}{T}$

解説　(1) $\omega=\dfrac{2\pi}{T}$ より，

$$S=mr\omega^2=mr\frac{4\pi^2}{T^2}=\frac{4\pi^2mr}{T^2}$$

(2) $v=r\omega=\dfrac{2\pi r}{T}$

3 (1) **5.0 N**　(2) **40 倍**　(3) **4.1 倍**

解説　(1) 72 km/h＝20 m/s より，向心力の大きさ F を求めると，

$$F=m\frac{v^2}{r}=5.0\times\frac{20^2}{400}=5.0\,[\text{N}]$$

(2) 288 km/h＝80 m/s より，向心力の大きさを求めると，

$$F=m\frac{v^2}{r}=5.0\times\frac{80^2}{160}=200\,[\text{N}]$$

よって，200÷5＝40〔倍〕

(3) 加速度の大きさ a を求めると，$a=\dfrac{v^2}{r}=\dfrac{80^2}{160}=40\ \text{m/s}^2$

よって，40÷9.8≒4.1〔倍〕

4 **7.9×10^3 m/s**

解説 人工衛星の質量を m とすると，人工衛星についての運動方程式は，$m\dfrac{v^2}{r}=mg$ となる。よって，

$$v=\sqrt{gr}=\sqrt{9.8\times6.4\times10^6}$$
$$=\sqrt{2\times49\times64\times10^4}\fallingdotseq7.9\times10^3\,[\text{m/s}]$$

6 慣性力 (p.12〜p.13)

1 **① mg ② 左 ③ ma**

解説 ① 重力の大きさは，質量×重力加速度の大きさで求められる。

②・③ 慣性力は加速度と逆向きで，大きさ ma となる見かけの力である。

2 **(1) ① $ma=T-mg$ ② 等加速度直線運動**
(2) ① $T-mg-ma=0$ ② $\dfrac{1}{2}(a+g)t^2$

解説 (1) ① 慣性系なので，慣性力を考慮しなくても運動方程式が成り立つ。よって，$ma=T-mg$

② 加速度 a の等加速度直線運動となる。

(2) ① 非慣性系なので，慣性力 $-ma$ を考慮すると，力のつり合いの式は，$T-mg-ma=0$

② ①より，$T=m(a+g)$ なので，初速度 0，加速度 $a+g$ の自由落下運動と考えられる。よって，t 秒間に進む距離は，$\dfrac{1}{2}(a+g)t^2$

3 **(1) ① $ma=mg\tan\theta$ ② 等加速度直線運動**
(2) ① $mg\tan\theta-ma=0$
② 物体は車内で静止する。

解説 (1) ① 糸の張力を T とすると，水平方向にはたらく力は $T\sin\theta$ なので，運動方程式は，$ma=T\sin\theta$ となる。また，鉛直方向の力のつり合いから，$T\cos\theta-mg=0$ より，$T=\dfrac{mg}{\cos\theta}$ となる。よって，

$ma=mg\tan\theta$

② 加速度 a の等加速度直線運動となる。

(2) ① 非慣性系なので，慣性力 $-ma$ を考慮すると，水平方向の力のつり合いの式は，$T\sin\theta-ma=0$ となる。(1)と同様に考えて，$mg\tan\theta-ma=0$

② 物体にはたらく重力，張力，慣性力がつり合うので，物体は車内で静止する。

7 遠心力 (p.14〜p.15)

1 ①　　②

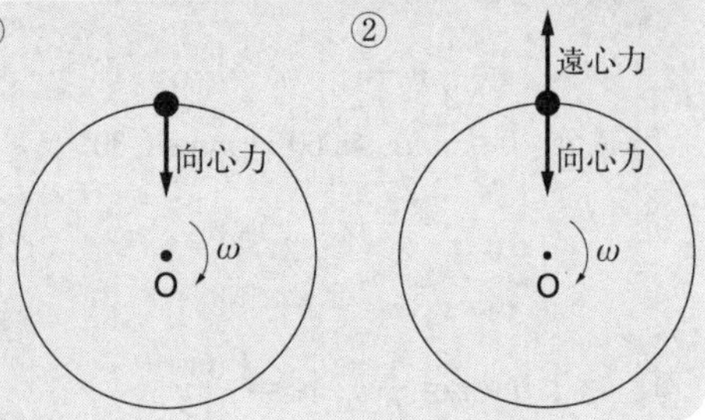

解説 ① 慣性系なので，実際にはたらく力のみを考える。

② 非慣性系なので，慣性力である遠心力も考える。

2 **(1) $m\dfrac{{v_0}^2}{r}$ (2) $mg+m\dfrac{{v_0}^2}{r}$**
(3) $\dfrac{1}{2}mv^2+2mgr$ (4) $h\geqq\dfrac{5}{2}r$

解説 (1) 点 B を通過した直後は円運動をしているので，遠心力は，$m\dfrac{{v_0}^2}{r}$ となる。

(2) 非慣性系での力のつり合いの式は，

$N_B-mg-m\dfrac{{v_0}^2}{r}=0$

よって，$N_B=mg+m\dfrac{{v_0}^2}{r}$

(3) 力学的エネルギーは運動エネルギー＋位置エネルギーで求められる。よって，$\dfrac{1}{2}mv^2+2mgr$

(4) 点 A と点 C では力学的エネルギーが保存するので，$mgh=\dfrac{1}{2}mv^2+2mgr$ ……①

点 C を通過するには，垂直抗力の大きさ N_C が 0 以上である必要があるので，$N_C=m\dfrac{v^2}{r}-mg\geqq0$ より，

$v^2\geqq gr$ ……②

①を v^2 について解くと，$v^2=2gh-4gr$ ……③

③を②に代入すると，$2gh-4gr\geqq gr$ となり，

$h\geqq\dfrac{5}{2}r$

3 **$\dfrac{2}{3}$**

解説 点 C での小球の張力を T とすると，

$T=m\dfrac{v^2}{r}-mg\cos\theta=0$ より，$v^2=gr\cos\theta$ ……①

また，点 A と点 C では力学的エネルギーが保存するので，$2mgr=\dfrac{1}{2}mv^2+mgr(1+\cos\theta)$ ……②

①を②に代入すると，$\cos\theta=\dfrac{2}{3}$

4 (1) **0.32 rad/s**　(2) **20 s**

解説　(1) 遠心力が地球の重力の大きさと等しいので，$mr\omega^2=mg$ より，$100\omega^2=10$

$\omega=\frac{\sqrt{10}}{10}\fallingdotseq 0.32$〔rad/s〕

(2) 周期$=\frac{2\pi}{\omega}\fallingdotseq 20$〔s〕

> **ミスポイント　慣性系と非慣性系**
> 慣性系では見かけの力である遠心力は考慮しないが，非慣性系では遠心力を考慮する。

8 単振動　(p.16〜p.17)

1 ① $\boldsymbol{ma=-mg\sin\theta}$　② $\boldsymbol{L\sin\theta}$　③ $\boldsymbol{-\frac{mgx}{L}}$

④ $\boldsymbol{-\frac{gx}{L}}$　⑤ $\boldsymbol{\sqrt{\frac{g}{L}}}$　⑥ $\boldsymbol{2\pi\sqrt{\frac{L}{g}}}$

解説　① 重力の運動方向の成分を考えると，

$ma=-mg\sin\theta$

② θが小さいとき，水平距離 $L\sin\theta$ は変位 x の近似値と見なせる。

③〜⑥ それぞれの式に代入して求める。

2 (1) $\boldsymbol{\theta=0}$ **のとき** $\boldsymbol{v=A\omega}$，

$\boldsymbol{\theta=\pi}$ **のとき** $\boldsymbol{v=-A\omega}$

(2) $\boldsymbol{\theta=\frac{\pi}{2}}$ **のとき** $\boldsymbol{a=-A\omega^2}$，

$\boldsymbol{\theta=\frac{3\pi}{2}}$ **のとき** $\boldsymbol{a=A\omega^2}$

解説　(1) $v=A\omega\cos\theta$ より，$\theta=0$，π のときに最大となり，それぞれ，$v=A\omega$，$-A\omega$ となる。

(2) $a=-A\omega^2\sin\theta$ より，$\theta=\frac{\pi}{2}$，$\frac{3\pi}{2}$ のときに最大となり，それぞれ，$a=-A\omega^2$，$A\omega^2$ となる。

3 (1) $\boldsymbol{-kx}$　(2) $\boldsymbol{2\pi\sqrt{\frac{m}{k}}}$　(3) $\boldsymbol{A\sqrt{\frac{k}{m}}}$

(4) $\boldsymbol{\frac{1}{2}kA^2}$

解説　(1) 力のつり合いより，$mg-kx_0=0$ となる。よって，変位 x での力の合力は，

$mg-k(x_0+x)=-kx$

(2) $F=-kx=-m\omega^2x$ より，$\omega=\sqrt{\frac{k}{m}}$ となる。よって，

周期 $T=\frac{2\pi}{\omega}=2\pi\sqrt{\frac{m}{k}}$

(3) 速度を v とすると，$v=A\omega\cos\omega t$ となる。つり合いの位置で速さは最大となり，また，(2)より，

$\omega=\sqrt{\frac{k}{m}}$ となるので，$v=A\omega=A\sqrt{\frac{k}{m}}$

(4) (2)より $\omega=\sqrt{\frac{k}{m}}$ なので，

力学的エネルギー $E=\frac{1}{2}m\omega^2A^2=\frac{1}{2}kA^2$

4 $\boldsymbol{2\pi\sqrt{\frac{L}{\sqrt{g^2+a^2}}}}$

解説　単振動の中心はおもりのつり合いの位置となる。この位置での糸の張力 T は，

$T=\sqrt{(mg)^2+(ma)^2}=m\sqrt{g^2+a^2}=mg'$

g' をみかけの重力加速度とすると，周期 T は，

$T=2\pi\sqrt{\frac{L}{g'}}=2\pi\sqrt{\frac{L}{\sqrt{g^2+a^2}}}$

9 万有引力　(p.18〜p.19)

1 ① $\boldsymbol{2.96\times10^{-25}}$　② **一定**　③ **1.84**

解説　① $k=\frac{T^2}{a^3}=\frac{1.00^2}{(1.50\times10^8)^3}\fallingdotseq 2.96\times10^{-25}$

② ケプラーの第3法則の定数 k はどの惑星においてもほぼ一定となる。

③ $T^2=ka^3=\frac{(2.25\times10^8)^3}{(1.5\times10^8)^3}=\left(\frac{3}{2}\right)^3$ より，$T=1.84$〔年〕

2 (1) $\boldsymbol{\frac{1}{2}r_1v_1=\frac{1}{2}r_2v_2}$　(2) $\boldsymbol{5.25\times10^9}$ **km**

(3) **59.7 倍**

解説　(1) ハレー彗星は短い時間に楕円軌道の接線方向に動くと考えて，それぞれの三角形の面積が等しくなるので，$\frac{1}{2}r_1v_1=\frac{1}{2}r_2v_2$

(2) ハレー彗星の楕円軌道の長半径を r とすると，ケプラーの第3法則を用いて，$\frac{1.00^2}{(1.50\times10^8)^3}=\frac{75^2}{r^3}$ より，

$r=1.50\times10^8\times\sqrt[3]{75^2}=26.7\times10^8$

$r_2=2r-r_1=2\times26.7\times10^8-0.88\times10^8$

$\fallingdotseq 5.25\times10^9$〔km〕

(3) (1)より，$\frac{1}{2}r_1v_1=\frac{1}{2}r_2v_2$ なので，

$\frac{v_1}{v_2}=\frac{r_2}{r_1}=\frac{5.252\times10^9}{0.88\times10^8}\fallingdotseq 59.7$〔倍〕

3 (1) **49 N**　(2) $\boldsymbol{6.0\times10^{24}}$ **kg**　(3) **290 倍**

解説　(1) 万有引力の大きさを F とすると，

$F=G\frac{Mm}{R^2}=mg=5.0\times9.8=49$〔N〕

(2) (1)より，$G\frac{Mm}{R^2}=49$ なので，

$M=\frac{49\times(6.4\times10^6)^2}{6.7\times10^{-11}\times5.0}\fallingdotseq 6.0\times10^{24}$〔kg〕

(3) 万有引力の大きさを F，遠心力の大きさを f とすると，$\omega=\frac{2\pi}{24\times3600}=\frac{\pi}{43200}$ より，

$$\frac{F}{f}=\frac{G\dfrac{Mm}{R^2}}{mR\omega^2}=\frac{mg}{mR\omega^2}=\frac{g}{R\omega^2}=\frac{9.8\times43200^2}{6.4\times10^6\times3.14^2}$$

≒290〔倍〕

4 （解説参照）

解説 地表での万有引力による位置エネルギーを U_0，高さ h の地点での万有引力による位置エネルギーを U_h とすると，重力による位置エネルギーは次の式で表される。

$$U_h-U_0=-G\frac{Mm}{R+h}-\left(-G\frac{Mm}{R}\right)=GMm\left\{\frac{h}{R(R+h)}\right\}$$

$G\dfrac{Mm}{R^2}=mg$ より，$GM=gR^2$ なので，

$$GMm\left\{\frac{h}{R(R+h)}\right\}=\frac{mgR^2h}{R(R+h)}=mgh\left(\frac{R}{R+h}\right)$$

h は R より十分小さいので，$\dfrac{R}{R+h}≒1$ となり，

$U_h-U_0≒mgh$ となる。

参考　重力の大きさ

一般に，地上の物体にはたらく重力の大きさと万有引力の大きさは等しいと考えることができる。

第2章　熱とエネルギー

⑩ 気体の法則　（p.20～p.21）

1 ① 1.013×10^5　② 2.24×10^{-2}　③ 273

④ シャルル　⑤ $\dfrac{V_0}{T_0}=\dfrac{V_1}{T}$　⑥ ボイル

⑦ $p_0V_1=pV$　⑧ $\dfrac{p_0V_0}{T_0}$　⑨ ボイル・シャルル

解説 pV＝一定をボイルの法則，$\dfrac{V}{T}$＝一定をシャルルの法則という。

2 (1) $pV=\dfrac{mRT\times10^3}{M}$　(2) $p=\dfrac{\rho RT\times10^3}{M}$

解説 (1) m〔kg〕$=m\times10^3$〔g〕なので，物質量は $\dfrac{m\times10^3}{M}$〔mol〕となる。よって，$pV=\dfrac{mRT\times10^3}{M}$

(2) $\rho=\dfrac{m}{V}$〔kg/m³〕より，$m=\rho V$ である。これを(1)の式に代入して，$p=\dfrac{\rho RT\times10^3}{M}$

3 1.70×10^3 cm³

解説 分子量 18.0 の水 1.0 g の物質量は $\dfrac{1}{18}$ mol，100℃＝373 K となる。求める体積を V〔m³〕とすると，理想気体の状態方程式より，

$$V=\frac{nRT}{p}=\frac{\dfrac{1}{18}\times8.31\times373}{1.01\times10^5}≒1.70\times10^{-3}〔\mathrm{m^3}〕$$

よって，1.70×10^{-3} m³＝1.70×10^3 cm³

4 (1) 2.0×10^5 Pa　(2) 2.07 倍

解説 (1) 海底の泡が受ける圧力 p は，大気圧＋水圧となる。海水の密度は 1.02 g/cm³＝1.02×10^3 kg/m³ なので，

$p=1.00\times10^5$ Pa＋1.02×10^3 kg/m³×9.80 m/s²×10.0 m≒2.00×10^5 Pa

(2) 海底での体積を V_1〔m³〕，水面での体積を V_2〔m³〕とすると，ボイル・シャルルの法則から，

$$\frac{2.000\times10^5\times V_1}{290}=\frac{1.00\times10^5\times V_2}{300}$$

よって，$\dfrac{V_2}{V_1}=\dfrac{600}{290}≒2.07$〔倍〕

⑪ 気体分子の運動　（p.22～p.23）

1 ① $\dfrac{3}{2}nR(T+\Delta T)$　② $\dfrac{3}{2}nR\Delta T$

解説 ① T〔K〕のときの内部エネルギーは，$\dfrac{3}{2}nRT$〔J〕なので，$T+\Delta T$〔K〕のときの内部エネル

ギーは，$\frac{3}{2}nR(T+\Delta T)$〔J〕

② ①より，

$\Delta U=\frac{3}{2}nR(T+\Delta T)-\frac{3}{2}nRT=\frac{3}{2}nR\Delta T$〔J〕

2 (1) $\sqrt{\frac{3RT}{M}}$ (2) **6.21×10^{-21} J**

解説 (1) $m=\frac{M}{N_A}$，$\frac{1}{2}m\overline{v^2}=\frac{3RT}{2N_A}$ より，

$\sqrt{\overline{v^2}}=\sqrt{\frac{3RT}{M}}$

(2) $\frac{1}{2}m\overline{v^2}=\frac{3RT}{2N_A}=\frac{3\times8.31\times300}{2\times6.02\times10^{23}}\fallingdotseq6.21\times10^{-21}$〔J〕

3 (1) **0.18 kg/m³** (2) $\sqrt{\frac{3p}{\rho}}$ (3) **3.40×10^3 J**
(4) **12.5 J** (5) **変化しない**

解説 (1) 分子量を M，物質量を n，ヘリウム 1 mol の体積を V とすると，

$\rho=\frac{nM\times10^{-3}}{V}=\frac{1.0\times4.00\times10^{-3}}{2.24\times10^{-2}}\fallingdotseq0.18$〔kg/m³〕

(2) (1)より，$\rho=\frac{nM\times10^{-3}}{V}$

理想気体の状態方程式より，$pV=nRT$

条件から $n=1$ より，

$\sqrt{\overline{v^2}}=\sqrt{\frac{3RT}{M\times10^{-3}}}=\sqrt{\frac{3pV}{M\times10^{-3}}}=\sqrt{\frac{3p}{\rho}}$

(3) $U=\frac{3}{2}nRT=\frac{3}{2}\times8.31\times273\fallingdotseq3.40\times10^3$〔J〕

(4) 温度が $\Delta T=1.00$ K 変化したときの内部エネルギーの変化 ΔU は，

$\Delta U=\frac{3}{2}nR\Delta T=\frac{3}{2}\times8.31\times1.00\fallingdotseq12.5$〔J〕

(5) $\Delta U=\frac{3}{2}nR\Delta T$ より，温度が変化しないとき内部エネルギーは変化しない。

4 **400 K**

解説 断熱容器 A，B に入っている気体の物質量をそれぞれ n_A，n_B とすると，$n=\frac{pV}{RT}$ より，

$n_A=\frac{1.01\times10^5\times4.00}{8.31\times600}\fallingdotseq81.0$〔mol〕

$n_B=\frac{2\times1.01\times10^5\times2.00}{8.31\times300}\fallingdotseq162$〔mol〕

混合後の温度を T〔K〕とすると，混合の前後で内部エネルギーの総和は保存されるので，

$\frac{3}{2}(n_A+n_B)RT=\frac{3}{2}n_ART_A+\frac{3}{2}n_BRT_B$ より，

$T=\frac{n_AT_A+n_BT_B}{n_A+n_B}=\frac{81.03\times600+162.1\times300}{81.03+162.1}\fallingdotseq400$〔K〕

⑫ 気体の状態変化 (p.24～p.25)

1 ① **定圧** ② $p(V_2-V_1)$ ③ $R(T_2-T_1)$
④ R

解説 ① 圧力が一定なので定圧変化となる。

② 定圧変化で気体が外部にした仕事 W は，

$W=p\Delta V=p(V_2-V_1)$

③ 条件より $n=1$ なので，

$p\Delta V=nR\Delta T=R\Delta T=R(T_2-T_1)$

④ $\Delta T=1$ より，$W=R$

2 (1) **0** (2) $p_2(V_2-V_1)$ (3) **0**
(4) $p_1(V_1-V_2)$ (5) **B**

解説 (1) 定積変化なので，気体が外部にする仕事は 0 である。

(2) 定圧変化なので，気体が外部にする仕事は，

$p_2\Delta V=p_2(V_2-V_1)$

(3) 定積変化なので，気体が外部にする仕事は 0 である。

(4) 定圧変化なので，気体が外部にする仕事は，

$p_1\Delta V=p_1(V_1-V_2)$

(5) (1)～(4)より，1 サイクルで気体が外部にした仕事は，$p_2(V_2-V_1)+p_1(V_1-V_2)=(p_2-p_1)(V_2-V_1)$

よって，図の B となる。

3 ②

解説 等温変化では，$pV=$一定となり，断熱変化では，$pV^\gamma=$一定$(\gamma>1)$となるので，例えば，圧力が$\frac{1}{2}$倍になったとき，等温変化では体積は 2 倍になり，断熱変化では体積は $2^{\frac{1}{\gamma}}$ 倍となる。$2>2^{\frac{1}{\gamma}}$ なので，断熱変化のほうが傾きの大きいグラフ(①)となり，等温変化は傾きの緩やかなグラフ(②)となる。

4 (解説参照)

解説 内部エネルギーの変化量を ΔU，気体が外部にする仕事を W とすると，熱力学の第 1 法則より，$\Delta U=-W$ なので，気体が外部にする仕事だけ内部エネルギーは減少する。

温度変化を ΔT とすると，ΔU は ΔT に比例するので，内部エネルギーの減少により温度が下がり，ペットボトル内の水蒸気が露点に達すると水滴ができる。

⑬ モル熱容量，熱効率　(p.26〜p.27)

1 ① Q　② $\frac{3}{2}nR\Delta T$　③ $\frac{3}{2}R$　④ $\frac{5}{2}R$

⑤ $\frac{5}{3}$

解説　①〜③ 定積変化では $\Delta U=Q=\frac{3}{2}nR\Delta T$ となり，$C_V=\frac{3}{2}R$ となる。

④ $C_p=C_V+R=\frac{5}{2}R$

⑤ $\gamma=\frac{C_p}{C_V}=\frac{\frac{5}{2}R}{\frac{3}{2}R}=\frac{5}{3}$

2 (1) 32 K　(2) 19 K

解説　(1) 定積モル比熱 $C_V=12.5$ J/(mol·K)

定積変化なので，$Q=nC_V\Delta T$ より，

$\Delta T=\frac{Q}{nC_V}=\frac{2.0\times10^2}{0.50\times12.5}=32$〔K〕

(2) 定圧モル比熱 $C_p=20.8$ J/(mol·K)

定圧変化なので，$Q=nC_p\Delta T$ より，

$\Delta T=\frac{Q}{nC_p}=\frac{2.0\times10^2}{0.50\times20.8}\fallingdotseq19$〔K〕

3 (1) 3.4×10^3 J　(2) 4.2×10^2 J

解説　(1) 単原子分子理想気体の内部エネルギーを U とすると，

$U=\frac{3}{2}nRT=\frac{3}{2}\times1.0\times8.31\times273\fallingdotseq3.4\times10^3$〔J〕

(2) 気体から放出される熱量を Q，定圧モル比熱を C_p とすると，

$Q=nC_p\Delta T=2.0\times20.8\times10\fallingdotseq4.2\times10^2$〔J〕

4 0.20

解説　熱効率を e とすると，$e=\frac{W}{Q_1}=\frac{5.0\times10^5}{2.5\times10^6}=0.20$

別解　$e=\frac{Q_1-Q_2}{Q_1}=\frac{2.5\times10^6-2.0\times10^6}{2.5\times10^6}=0.20$

5 1.6×10^5 J

解説　熱効率を e とすると，$e=\frac{Q_1-Q_2}{Q_1}$ より，

$Q_2=Q_1(1-e)=5.0\times4.5\times10^4\times(1-0.30)$

$\fallingdotseq1.6\times10^5$〔J〕

第3章　波

⑭ 波の表し方　(p.28〜p.29)

1 ① A　② I（①，② 順不同）

③ E　④ 最大　⑤ C　⑥ G

⑦ A　⑧ I（⑦，⑧ 順不同）　⑨ E

解説　縦波を横波に表すときの関係は，下図のようになる。

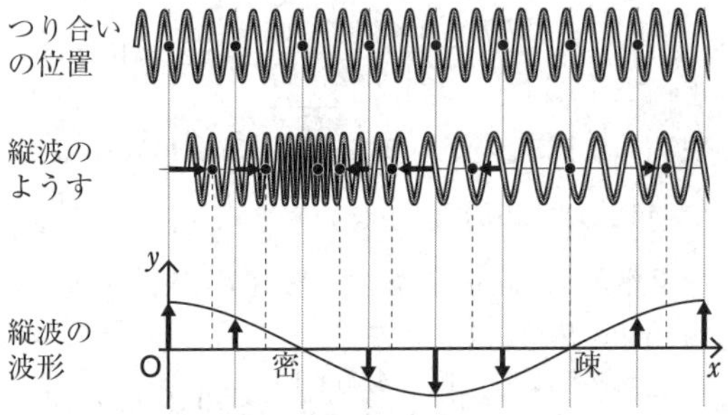

2 (1) 4 m/s　(2) 2 s　(3) $2.5\sin\pi t$

(4) $2.5\sin 2\pi\left(\frac{t}{2}-\frac{x}{8}\right)$　(5) 0

解説　(1) 0.5 秒間に波が右向きに 2 m 移動しているので，$v=\frac{2\text{ m}}{0.5\text{ s}}=4$ m/s

(2) グラフより，波長 λ は 8 m である。$v=\frac{\lambda}{T}$ より，

$T=\frac{\lambda}{v}=\frac{8}{4}=2$〔s〕

(3) グラフより，振幅 A は 2.5 m なので，

$y=A\sin\frac{2\pi}{T}t=2.5\sin\frac{2\pi}{2}t=2.5\sin\pi t$

(4) $y=A\sin 2\pi\left(\frac{t}{T}-\frac{x}{\lambda}\right)=2.5\sin 2\pi\left(\frac{t}{2}-\frac{x}{8}\right)$

(5) (4) より，

$y=2.5\sin2\pi\left(\frac{t}{2}-\frac{x}{8}\right)=2.5\sin2\pi\left(\frac{4}{2}-\frac{4}{8}\right)=0$

3 $x_1\pm\frac{2\pi}{b}$

解説　波長 λ の整数倍だけ離れた場所はすべて同じ変位となる。x_1 から近い順に $n=\pm1,\ \pm2,\ \cdots$ とすれば，$x=x_1+n\lambda$ で表される。x 軸の正の向きに進む正弦波の式 $y=A\sin2\pi\left(\frac{t}{T}-\frac{x}{\lambda}\right)$ と，

$y=A\sin(at-bx)$ を比較して，$b=\frac{2\pi}{\lambda}$ より，$\lambda=\frac{2\pi}{b}$ となる。x_1 から最も近いのは $n=\pm1$ の位置なので，

$x=x_1+n\lambda=x_1\pm\frac{2\pi}{b}$

⑮ 波の伝わり方 (p.30〜p.31)

1 ① $\frac{v_1}{v_2}$ ② $\frac{1}{2}$
③ 屈折波
④ 接線
⑤ (右図)

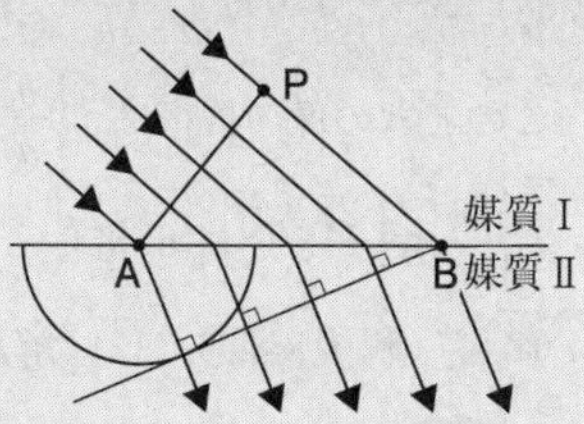

解説 ① $n=\frac{v_1}{v_2}$で表される。
② $2=\frac{v_1}{v_2}$より，$v_2=\frac{v_1}{2}$なので，$\frac{1}{2}$ PB となる。
③〜⑤ 屈折波の波面は，境界面上の各点から出る無数の半径の異なる素元波の共通接線(包絡面)となり，屈折波の射線と直交する。

2 (1) **4.0 cm** (2) **0 cm** (3) **0 cm**

解説 (1) $v=\frac{\lambda}{T}$より，
$\lambda=vT=1.0\ \text{cm/s}\times4.0\ \text{s}=4.0\ \text{cm}$
(2) 波源からの距離の差は，$26\ \text{cm}-20\ \text{cm}=6\ \text{cm}$ なので，$6\ \text{cm}=\left(1+\frac{1}{2}\right)\times4\ \text{cm}=\left(1+\frac{1}{2}\right)\lambda$〔cm〕となり，2つの波が最も弱め合う条件を満たす。よって，振幅は 0 cm となる。
(3) 垂直二等分線上では，常に2つの波源からの距離が等しいのでその差は0となる。S_1，S_2 の振動が逆位相なので，2つの波が最も弱め合う条件を満たす。よって，振幅は 0 cm となる。

3 (1) **0.5，2.5，4.5，6.5，8.5〔cm〕**
(2) **1.5，3.5，5.5，7.5〔cm〕**

解説 (1) $S_1P=x$ $(0<x<9)$ より，$S_2P=9-x$ なので，m を整数とすると，$|S_1P-S_2P|=|2x-9|=m\lambda=4m$ を満たすとき，2つの波は強め合う。
$2x-9=4m$ を満たす x は，$m=0$ で $x=4.5$〔cm〕，$m=1$ で $x=6.5$〔cm〕，$m=2$ で $x=8.5$〔cm〕である。
$9-2x=4m$ を満たす x は，$m=0$ で $x=4.5$〔cm〕，$m=1$ で $x=2.5$〔cm〕，$m=2$ で $x=0.5$〔cm〕である。
よって，$x=0.5$，2.5，4.5，6.5，8.5〔cm〕
(2) $|S_1P-S_2P|=|2x-9|=m\lambda+\frac{\lambda}{2}=4m+2$ を満たすとき，2つの波は弱め合う。
$2x-9=4m+2$ を満たす x は，$m=0$ で $x=5.5$〔cm〕，$m=1$ で $x=7.5$〔cm〕である。
$9-2x=4m+2$ を満たす x は，$m=0$ で $x=3.5$〔cm〕，$m=1$ で $x=1.5$〔cm〕である。
よって，$x=1.5$，3.5，5.5，7.5〔cm〕

⑯ 音の伝わり方 (p.32〜p.33)

1 ①

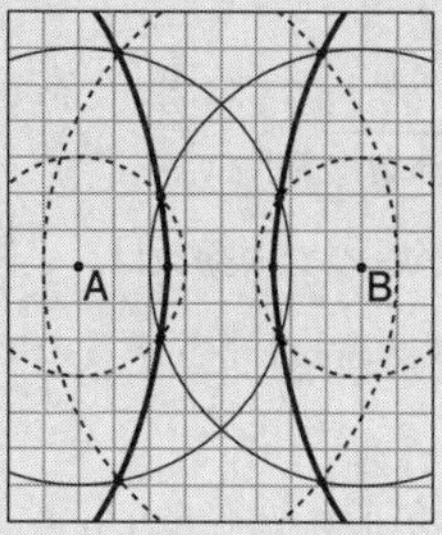

②

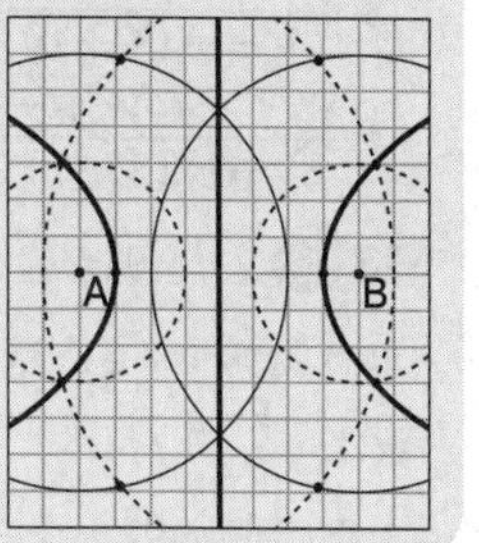

解説 山と谷が重なる場所では波は弱め合うので音は小さくなる。また，山と山，谷と谷が重なる場所では波は強め合うので音は大きくなる。

2 (1) **大きくなる。**
(2) **L_B と L_A の差がλとなる位置。**

解説 (1) $L_A=L_B$ となり，$|L_A-L_B|=m\lambda$ $(m=0)$ の同位相の波が強め合う条件を満たすので，スピーカーから出る音よりも大きい音が聞こえる。
(2) (1)より，点 P では $|L_A-L_B|=m\lambda$ $(m=0)$ を満たすので，次にこの条件を満たすのは $m=1$ のときである。よって，$|L_A-L_B|=\lambda$を満たす位置となる。

3 **二酸化炭素中の音速が，空気中の音速よりも小さいため。**

解説 二酸化炭素中の音速が空気中の音速よりも小さい場合，音が空気中から風船内に入るときに，屈折角が入射角よりも小さくなるように屈折する。

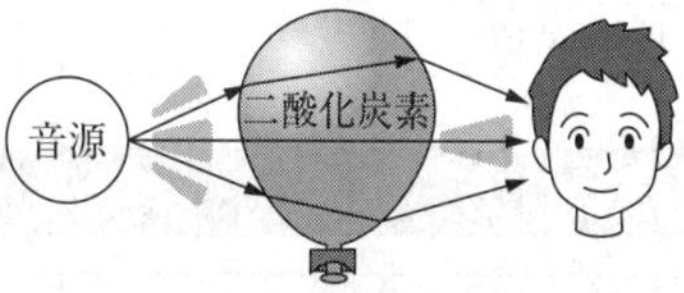

4 $\frac{V}{2\varDelta x}$

解説 $\varDelta x$だけ引き出すと経路は $2\varDelta x$ 長くなるので，$2\varDelta x=\lambda$となる。振動数をfとすると，$V=f\lambda$より，$f=\frac{V}{\lambda}=\frac{V}{2\varDelta x}$

⑰ 音のドップラー効果 (p.34〜p.35)

1 ① f_0 ② $\frac{V+v}{V-v}f_0$

解説 ① 音源は移動しながら振動数f_0の音を出し続ける。
② 音源が近づき，観測者も近づくので，$\frac{V+v}{V-v}f_0$

2 (1) $\dfrac{V}{V+v}f_0$　(2) $\dfrac{V-u}{V-v}f_0$

(3) $\dfrac{V(V-u)}{(V-v)(V+u)}f_0$

(4) $\dfrac{2f_0V^2|u-v|}{(V+v)(V-v)(V+u)}$

解説 (1) 音源が遠ざかるので振動数は，$\dfrac{V}{V+v}f_0$

(2) 音源が近づき，壁(観測者)が遠ざかるので振動数は，$\dfrac{V-u}{V-v}f_0$

(3) 壁(音源)が反射する音の振動数は(2)より，$\dfrac{V-u}{V-v}f_0$である。また，壁(音源)が遠ざかるので振動数は，$\dfrac{V}{V+u}\cdot\dfrac{V-u}{V-v}f_0=\dfrac{V(V-u)}{(V-v)(V+u)}f_0$

(4) 観測者Aが聞く直接音の振動数をf_1，反射音の振動数をf_2とすると，求めるうなりfは，

$$f=|f_1-f_2|=\frac{2f_0V^2|u-v|}{(V+v)(V-v)(V+u)}$$

3 (1) $\dfrac{V}{V-v\cos\theta_1}$　(2) f_0　(3) $\dfrac{V}{V+v\cos\theta_2}$

解説 (1) 音源の速度vのS_1A方向の成分は，$v\cos\theta_1$となる。この向きに音源が近づくと考えることができるので，$f_1=\dfrac{V}{V-v\cos\theta_1}$

(2) S_2を通過するとき，音源は観測者方向への運動はしていないので，$f_2=f_0$

(3) 音源の速度vのS_3A方向の成分は，$v\cos\theta_2$となる。この向きに音源が遠ざかると考えることができるので，$f_3=\dfrac{V}{V+v\cos\theta_2}$

18 光の伝わり方 (p.36～p.37)

1 ①

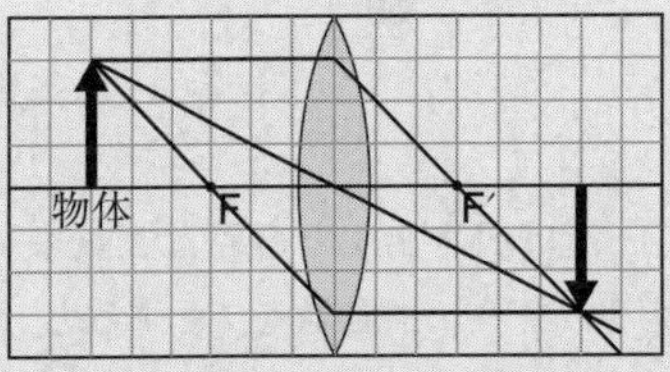

②

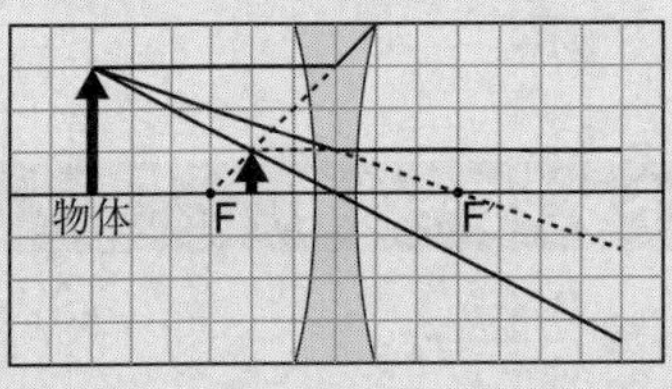

解説 凸レンズと凹レンズの光の進み方を覚えておく。凹レンズで実像はできない。

2 6倍

解説 虫眼鏡は凸レンズで虚像を見るので，

$\dfrac{1}{a}-\dfrac{1}{b}=\dfrac{1}{f}$より，$\dfrac{1}{a}=\dfrac{1}{b}+\dfrac{1}{f}=\dfrac{1}{25}+\dfrac{1}{5}=\dfrac{6}{25}$

このときの像の倍率は，$\left|\dfrac{b}{a}\right|$なので，

$\left|\dfrac{b}{a}\right|=\left|\dfrac{25\times6}{25}\right|=6$〔倍〕

3 (1)(解説参照)　(2)(解説参照)

解説 (1) △A′AO ∽ △B′BO より，$\dfrac{\mathrm{A'A}}{\mathrm{B'B}}=\dfrac{a}{b}$

△POF′ ∽ △B′BF′ より，$\dfrac{\mathrm{OF'}}{\mathrm{BF'}}=\dfrac{f}{b-f}$

また，PO＝A′A より，$\dfrac{\mathrm{OF'}}{\mathrm{BF'}}=\dfrac{\mathrm{PO}}{\mathrm{B'B}}=\dfrac{\mathrm{A'A}}{\mathrm{B'B}}=\dfrac{a}{b}$

よって，$\dfrac{f}{b-f}=\dfrac{a}{b}$より，$bf=ab-af$

両辺をabfで割ると，$\dfrac{1}{a}+\dfrac{1}{b}=\dfrac{1}{f}$となる。

(2) △AA′O ∽ △BB′O より，$m=\left|\dfrac{\mathrm{BB'}}{\mathrm{AA'}}\right|=\left|\dfrac{\mathrm{BO}}{\mathrm{AO}}\right|=\left|\dfrac{b}{a}\right|$

4 16 cm

解説 像のでき方は下図のようになる。凸レンズAによってできる物体の像をPとすると，Pの位置は，$\dfrac{1}{a}+\dfrac{1}{b}=\dfrac{1}{f}$より，

$\dfrac{1}{b}=\dfrac{1}{f}-\dfrac{1}{a}=\dfrac{1}{12}-\dfrac{1}{24}=\dfrac{1}{24}$　　$b=24$〔cm〕

凸レンズA，B間の距離が40 cmなので，Pと凸レンズBの距離は，40 cm－24 cm＝16 cmとなる。

よって，

$\dfrac{1}{b'}=\dfrac{1}{f'}-\dfrac{1}{a'}=\dfrac{1}{8}-\dfrac{1}{16}=\dfrac{1}{16}$　　$b'=16$〔cm〕

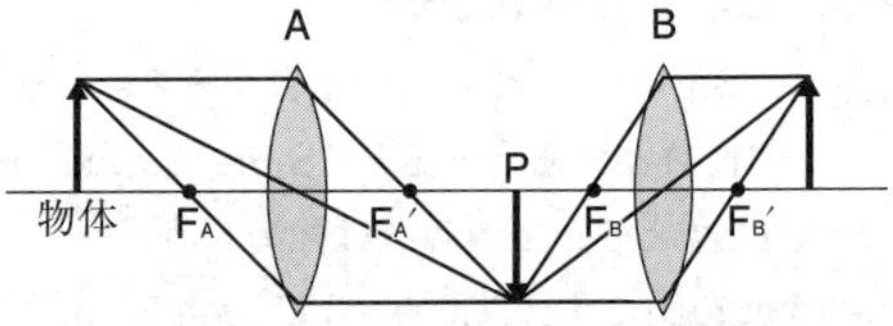

19 光の干渉と回折 (p.38～p.39)

1 ① 平行　② △$S_1'S_1S_2$　③ θ　④ $\dfrac{dx}{L}$

解説 θが十分小さいとき，$\sin\theta\fallingdotseq\tan\theta\fallingdotseq\theta$となる。

2 (1) $\dfrac{\lambda}{n_1}$　(2) $2n_1d\cos\theta$　(3) $\dfrac{\lambda}{4n_1}$

解説 (1) 屈折率n_1の媒質中での光の波長をλ'とすると，屈折の法則より，$\lambda'=\dfrac{\lambda}{n_1}$

(2) 屈折率n_1の媒質中の距離dの光路長はn_1dとなるので，光路差は，$2n_1d\cos\theta$

(3) $\theta \fallingdotseq 0$ より，$\cos\theta \fallingdotseq 1$ なので，光路差は $2n_1d$ とみなせる。また，反射防止膜での反射光とレンズでの反射光は，どちらも反射のときにπだけ位相がずれる。よって，反射光が弱め合うのは，$2n_1d=\left(m+\frac{1}{2}\right)\lambda$ を満たすときである。

$m=0$ のとき d は最小値となるので，

$$d=\frac{1}{2n_1}\cdot\frac{\lambda}{2}=\frac{\lambda}{4n_1}$$

3 **$2d=m\lambda$ ($m=0, 1, 2, \cdots$)**

解説 光が平面ガラスの上面で反射するときに位相がπずれるので，暗くなる条件は，

$$2d=m\lambda \quad (m=0, 1, 2, \cdots)$$

第4章 電気と磁気

20 静電気 (p.40～p.41)

1 **① 正(＋) ② 負(－) ③ 反発し ④ 引き**

解説 帯電列から，ティッシュペーパーが正に，ストローが負に帯電する。また，同種の電気は反発し合い，異種の電気は引き合う。

2 **(1) $k\frac{q_1q_2}{r^2}$ (2) $T\cos\theta-mg=0$**

(3) $T\sin\theta-k\frac{q_1q_2}{r^2}=0$ (4) $\frac{kq_1q_2}{mgr^2}$

解説 (1) 静電気力の大きさを F とすると，クーロンの法則より，$F=k\frac{q_1q_2}{r^2}$

(2)･(3) 金属小球 A，B 間にはたらく静電気力は引力となるので，金属小球 A にはたらく力は右図のようにつり合う。よって，力のつり合いの式は次のようになる。

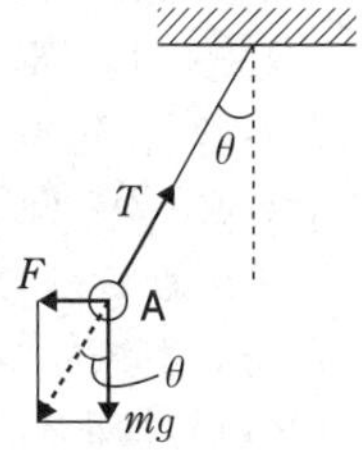

鉛直方向：$T\cos\theta-mg=0$

水平方向：$T\sin\theta-k\frac{q_1q_2}{r^2}=0$

(4) (2)･(3)より，

$$\tan\theta=\frac{\sin\theta}{\cos\theta}=\frac{kq_1q_2}{Tr^2}\cdot\frac{T}{mg}=\frac{kq_1q_2}{mgr^2}$$

3 **(1) 2.7×10^{-4} N (2) 9.0×10^{-5} N**

解説 (1) 静電気力を F とすると，クーロンの法則より，

$$F=9.0\times10^9\ \mathrm{N\cdot m^2/C^2}\times\frac{6.0\times10^{-8}\ \mathrm{C}\times2.0\times10^{-8}\ \mathrm{C}}{(0.20\ \mathrm{m})^2}$$
$$=2.7\times10^{-4}\ \mathrm{N}$$

(2) 接触後の金属小球の電気量を q_1，q_2 とすると，$q_1=q_2$ となる。また，電気量保存の法則より，

$$q_1+q_2=6.0\times10^{-8}\ \mathrm{C}-2.0\times10^{-8}\ \mathrm{C}=4.0\times10^{-8}\ \mathrm{C}$$

よって，$q_1=q_2=2.0\times10^{-8}$ C より，

$$F=9.0\times10^9\ \mathrm{N\cdot m^2/C^2}\times\frac{2.0\times10^{-8}\ \mathrm{C}\times2.0\times10^{-8}\ \mathrm{C}}{(0.20\ \mathrm{m})^2}$$
$$=9.0\times10^{-5}\ \mathrm{N}$$

21 電場と電位 (p.42～p.43)

1 **① $k\frac{q}{r^2}$ ② $k\frac{q}{r^2}$ ③ $4\pi kq$ ④ ガウス**

解説 ①･② 電場の強さは，球面上を貫く 1 m² あたりの電気力線の本数と等しい。

③･④ 閉曲面内の電気量$+q$の電荷から出る電気力

線の総本数は，$k\dfrac{q}{r^2}\cdot 4\pi r^2=4\pi kq$ 本となる。この関係をガウスの法則という。

2 (1) **7.5 V/m** (2) **15 N** (3) **30 J**

解説 (1) 電場の強さを E，2点間の距離を d とすると，

$$E=\frac{V}{d}=\frac{15}{2.0}=7.5\text{〔V/m〕}$$

(2) 点電荷が受ける力を F，電気量を q とすると，(1)より，

$$F=qE=2.0\times 7.5=15\text{〔N〕}$$

(3) 仕事を W とすると，$W=qV=2.0\times 15=30$〔J〕

別解 $W=Fd=15\times 2.0=30$〔J〕

3 (1) $k\dfrac{q}{\sqrt{2}r^2}$ (2) 0 (3) $k\dfrac{q}{2r}$ (4) $k\dfrac{q}{2r}$

解説 (1) 点電荷 A による電場の強さを E_A，点電荷 B による電場の強さを E_B とする。E_A は点電荷 A から遠ざかる向き，E_B は点電荷 B に近づく向きなので，点 C の合成電場の強さ E_C は右図のようになる。

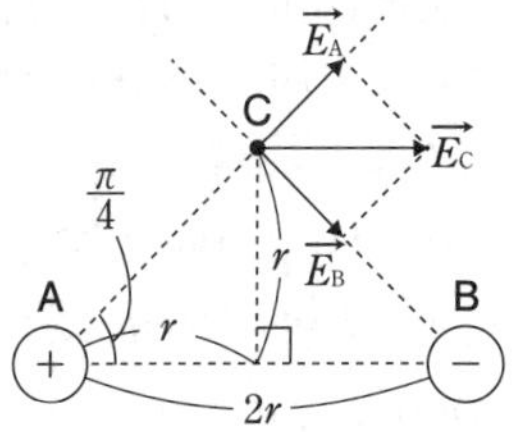

$\angle CAB=\dfrac{\pi}{4}$ より，

$AC=BC=\sqrt{2}r$

$E_A=E_B$

よって，$E_C=\sqrt{2}E_A=\sqrt{2}\times k\dfrac{q}{(\sqrt{2}r)^2}=k\dfrac{q}{\sqrt{2}r^2}$

(2) $AC=\sqrt{2}r$ より，点電荷 A による電位は，$k\dfrac{q}{\sqrt{2}r}$

$BC=\sqrt{2}r$ より，点電荷 B による電位は，$-k\dfrac{q}{\sqrt{2}r}$

よって，点 C の電位は，$k\dfrac{q}{\sqrt{2}r}-k\dfrac{q}{\sqrt{2}r}=0$

(3) $AD=r$ より，点電荷 A による電位は，$k\dfrac{q}{r}$

$BD=2r$ より，点電荷 B による電位は，$-k\dfrac{q}{2r}$

よって，点 D の電位は，$k\dfrac{q}{r}-k\dfrac{q}{2r}=k\dfrac{q}{2r}$

(4) 電気量が 1 C なので，点 C の電位を V_C，点 D の電位を V_D，仕事を W とすると，

$$W=1\times(V_D-V_C)=k\frac{q}{2r}-0=k\frac{q}{2r}$$

22 物質と電場・コンデンサー (p.44〜p.45)

1 ① 675 ② 225 ③ 225 ④ 75

解説 ①・② 全体の電気量は各コンデンサーの電気量の和となるので，

$$Q_1+Q_1'=3\text{ F}\times 200\text{ V}+1\text{ F}\times 300\text{ V}=900\text{ C}$$

また，$V_1=\dfrac{Q_1}{3}=Q_1'$ より，

$Q_1=675$〔C〕，$V_1=225$〔V〕

③・④ 電気量保存の法則より，

$$Q_2+Q_2'=600\text{ C}-300\text{ C}=300\text{ C}$$

また，$V_2=\dfrac{Q_2}{3}=Q_2'$ より，

$Q_2=225$〔C〕，$V_2=75$〔V〕

2 (1) $\dfrac{Q}{\varepsilon_0 S}$ (2) $\dfrac{Q}{\varepsilon_r\varepsilon_0 S}$ (3) $\dfrac{\varepsilon_r\varepsilon_0 S}{\varepsilon_r(d-L)+L}$

解説 (1) 誘電体のない空間の電場の強さを E とすると，$E=\dfrac{Q}{\varepsilon_0 S}$

(2) 誘導体の誘電率を ε とすると，$\varepsilon=\varepsilon_r\varepsilon_0$

よって，誘電体内部の電場の強さを E_r とすると，

$$E_r=\frac{Q}{\varepsilon S}=\frac{Q}{\varepsilon_r\varepsilon_0 S}$$

(3) 極板間の電位差を V とすると，

$$V=E\times(d-L)+E_r\times L=\frac{Q(d-L)}{\varepsilon_0 S}+\frac{QL}{\varepsilon_r\varepsilon_0 S}$$

$$=\frac{Q}{\varepsilon_0 S}\left(d-L+\frac{L}{\varepsilon_r}\right)=\frac{Q}{\varepsilon_r\varepsilon_0 S}\{\varepsilon_r(d-L)+L\}$$

電気容量を C とすると，$C=\dfrac{Q}{V}$ より，$C=\dfrac{\varepsilon_r\varepsilon_0 S}{\varepsilon_r(d-L)+L}$

別解 誘電体のない空間の電気容量 $\varepsilon_0\dfrac{S}{d-L}$ と，誘電体内部の電気容量 $\varepsilon_r\varepsilon_0\dfrac{S}{L}$ の直列接続と考えて，

合成容量 C は，$\dfrac{1}{C}=\dfrac{d-L}{\varepsilon_0 S}+\dfrac{L}{\varepsilon_r\varepsilon_0 S}=\dfrac{\left(d-L+\dfrac{L}{\varepsilon_r}\right)}{\varepsilon_0 S}$ より，

$$C=\frac{\varepsilon_r\varepsilon_0 S}{\varepsilon_r(d-L)+L}$$

3 (1) $\dfrac{E}{3}$ (2) $\dfrac{2E}{15}$

解説 (1) S_1 を閉じた後，C_1，C_2 の極板間電圧をそれぞれ V_1，V_2 とすると，AB 間の電位差は V_2 となる。このとき，電気量保存の法則より，

$-CV_1+2CV_2=0$ となる。また，$V_1+V_2=E$ となる。

よって，$V_2=\dfrac{E}{3}$

(2) S_1 を開いて S_2 を閉じた後，C_2，C_3 の極板間電圧を V とすると，AB 間の電位差は V となる。このとき，電気量保存の法則より，

$2C\cdot\dfrac{E}{3}=2CV+3CV=5CV$ となる。よって，$V=\dfrac{2E}{15}$

23 直流回路 (p.46〜p.47)

1 ① 左 ② 6.3×10^{-5} m/s

解説 ① 自由電子は電流と反対の向きに進む。

② 自由電子の平均の速さを $\bar{v}$ とすると，

$$\bar{v}=\frac{I}{neS}=\frac{1}{10^{29}\times(1.6\times10^{-19})\times(1\times10^{-6})}$$
$\fallingdotseq 6.3\times10^{-5}$〔m/s〕

2 **(1) 1 A　(2) 2 A　(3) 1 A**

解説 (1)〜(3) 点 A において，キルヒホッフの第 1 法則を適用すると，

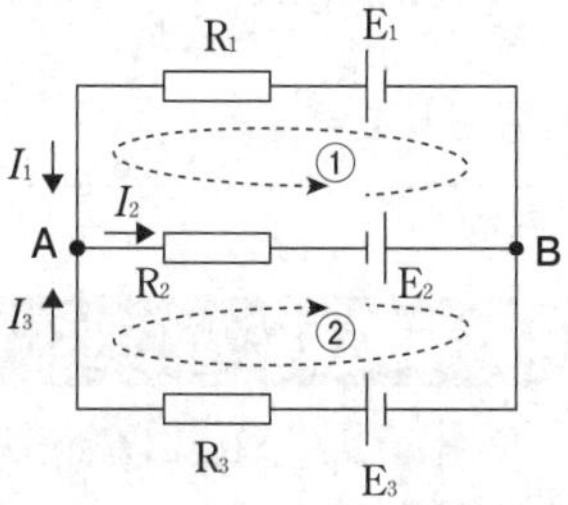

$I_1+I_3=I_2$　……①

閉回路①においてキルヒホッフの第 2 法則を適用すると，$2\,\mathrm{V}+3\,\mathrm{V}=I_1+2I_2$　……②

閉回路②においてキルヒホッフの第 2 法則を適用すると，$3\,\mathrm{V}+4\,\mathrm{V}=2I_2+3I_3$　……③

①より，$I_3=I_2-I_1$ を③に代入して，

$7=5I_2-3I_1$　……④

②と④を連立して解くと，$I_1=1\,\mathrm{A}$，$I_2=2\,\mathrm{A}$

これらを①に代入して，$I_3=1\,\mathrm{A}$

3 $\dfrac{L_x}{L_s}E_s$

解説 電池 E_x の起電力を E_x，AB 間を流れる電流を I とすると，閉回路 AP_sS_1A および AP_xS_2A においてキルヒホッフの第 2 法則より，$E_s=rL_sI$，$E_x=rL_xI$ となる。よって，

$$E_x=\frac{L_x}{L_s}E_s$$

4 r

解説 キルヒホッフの第 2 法則より，$E=RI+rI$

両辺を I 倍して整理すると，$RI^2=EI-rI^2$ なので，

$$P=RI^2=EI-rI^2=-r\left(I-\frac{E}{2r}\right)^2+\frac{E^2}{4r}$$

$I=\dfrac{E}{2r}$ のとき P は最大となる。よって，P が最大となる R は，$R=\dfrac{E}{I}-r=E\cdot\dfrac{2r}{E}-r=r$

㉔ 半導体　(p.48〜p.49)

1 **① Ge　② 15　③ n　④ 電子　⑤ p**
⑥ ホール(または正孔)　⑦ pn
⑧ ダイオード　⑨ p

解説 n 型半導体のキャリアは電子，p 型半導体のキャリアはホールである。ダイオードは p 型半導体側を正極として電圧をかけると電流が流れる。

2 **(1) 0.60 A　(2) 0.90 V　(3) 0.36 W**

解説 (1) ダイオードに加わる電圧を V_D，抵抗に加わる電圧を V_R，回路に流れる電流を I とすると，オームの法則より，$V_R=RI=1.5I$

キルヒホッフの第 2 法則より，$1.5=V_D+1.5I$

これを電流－電圧特性のグラフにかき入れ，交点の値を読み取ると，

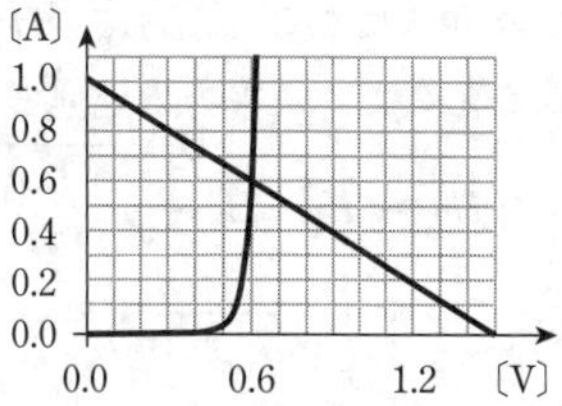

$V_D=0.60\,\mathrm{V}$

$I=0.60\,\mathrm{A}$

(2) $V_R=1.5I=1.5\times0.60=0.90$〔V〕

(3) ダイオードの消費電力を P とすると，

$P=V_DI=0.60\times0.60=0.36$〔W〕

3 **(1) ①，②，③　(2) コレクタ・ベース間**

解説 (1) pnp 型トランジスタの場合，エミッタ・ベース間ではエミッタが正極，ベースが負極となるので①がエミッタとなり，②がベース，③がコレクタとなる。

(2) トランジスタは，エミッタ・ベース間は順方向，コレクタ・ベース間は逆方向に接続する。回路図の電池の数の違いからも確認できる。

㉕ 磁　場　(p.50〜p.51)

1 **① mHl　② 0　③ 0　④ mHl**

解説 ① 仕事＝力×距離で求められる。

②・③力がはたらく方向に移動していないので，仕事は 0 となる。

④ $W=W_{AB}+W_{BC}+W_{CD}+W_{DA}=mHl$

2 $4\pi k_m m$

解説 磁場の強さ H は N 極(正の磁極)が 1 Wb あたりに受ける力なので，磁極を囲む球の半径を r とすると，$H=k_m\dfrac{m}{r^2}$

球の表面積 S が $4\pi r^2$ なので，

$$N=HS=k_m\frac{m}{r^2}\cdot4\pi r^2=4\pi k_m m$$

3 $2\pi rH_0\tan\theta$

解説 直線電流が方位磁針の位置につくる磁場の向きは西向きで，その大きさを H とすると，

$H=\dfrac{I}{2\pi r}$ となる。また，$H_0\tan\theta=H$ より，

$I=2\pi rH=2\pi rH_0\tan\theta$

4 (1) $\dfrac{I_1}{4\pi r}$　(2) $\dfrac{I_2}{2r}$　(3) $\dfrac{1}{4\pi r}\sqrt{I_1^2+4\pi^2I_2^2}$

解説 (1) 点 O までの距離は $2r$ なので，$H_1=\dfrac{I_1}{4\pi r}$

(2) 円形電流がつくる磁場の強さなので，$H_2=\dfrac{I_2}{2r}$

(3) H_1 は円形面に平行な向きで，H_2 は円形面に垂直な向きになる。よって，H_1 と H_2 がなす角は直角となるので，三平方の定理より，

$$H_0=\sqrt{H_1^2+H_2^2}=\sqrt{\left(\frac{I_1}{4\pi r}\right)^2+\left(\frac{I_2}{2r}\right)^2}$$

$$=\frac{1}{4\pi r}\sqrt{I_1^2+4\pi^2 I_2^2}$$

26 電流が磁場から受ける力 (p.52〜p.53)

1 ① **裏** ② **表** ③ $\boldsymbol{qvB}$ ④ **等速円** ⑤ $\boldsymbol{\dfrac{mv}{qB}}$ ⑥ $\boldsymbol{\dfrac{2\pi m}{qB}}$

解説 ①・② ⊙は裏から表向き，⊗は表から裏向きを表す。

③ 磁束密度の大きさ B，速さ v，電気量の大きさ q より，ローレンツ力の大きさを f とすると，$f=qvB$

⑤ 運動方程式は，$m\dfrac{v^2}{r}=qvB$ より，$r=\dfrac{mv}{qB}$

⑥ 周期 $T=\dfrac{2\pi r}{v}=\dfrac{2\pi m}{qB}$

2 (1) $\boldsymbol{\sqrt{\dfrac{2qV}{m}}}$ (2) $\boldsymbol{qB\sqrt{\dfrac{2qV}{m}}}$

解説 (1) 負極板を基準とすると，正極板で荷電粒子がもつ静電気力による位置エネルギーは qV なので，$qV=\dfrac{1}{2}mv^2$ より，$v=\sqrt{\dfrac{2qV}{m}}$

(2) 磁場がかかる直前まで荷電粒子は等速直線運動をするので，点 Q での速さ v は(1)より，$v=\sqrt{\dfrac{2qV}{m}}$ となる。よって，ローレンツ力の大きさ f は，

$$f=qvB=qB\sqrt{\frac{2qV}{m}}$$

3 (1) $\boldsymbol{qvB\sin\theta}$ (2) **等速円運動** (3) **等速度運動**

解説 (1) 速度 v の磁場に対する垂直方向の成分は，$v\sin\theta$ なので，$F=qvB\sin\theta$

(2) ローレンツ力を向心力とする半径 $\dfrac{mv\sin\theta}{qB}$ の等速円運動をする。

(3) 磁場に平行な方向には力を受けないので，等速度運動をする。

参考 らせん運動

(2)・(3) より，磁場に斜めに入射した荷電粒子はピッチが $\dfrac{2\pi mv\cos\theta}{qB}$ のらせん運動をする。

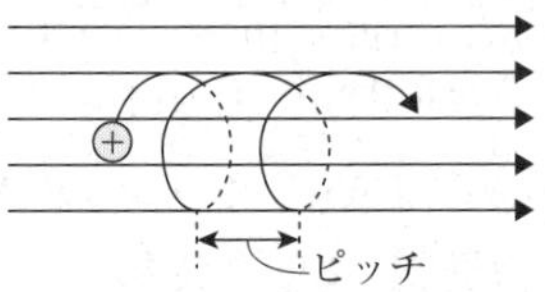

27 電磁誘導の法則 (p.54〜p.55)

1 ① $\boldsymbol{v\varDelta t}$ ② $\boldsymbol{v\varDelta tl}$ ③ $\boldsymbol{Bv\varDelta tl}$ ④ $\boldsymbol{vBl}$

解説 ② $\varDelta S=Ll=v\varDelta tl$

③ $\varDelta\Phi=B\varDelta S=Bv\varDelta tl$

④ $V=\dfrac{\varDelta\Phi}{\varDelta t}=\dfrac{Bv\varDelta tl}{\varDelta t}=vBl$

2 (1) $\boldsymbol{evB}$ (2) **Q** (3) $\boldsymbol{vBl}$

解説 (1) 磁場から受けるローレンツ力の大きさを f とすると，$f=evB$

(2) 速度 v と逆方向に電流が流れると考えて，フレミングの左手の法則により，Q の向きにローレンツ力を受ける。

(3) 電場の強さを E とすると，電場から受ける力は eE なので，$evB=eE$ より，$E=vB$ となる。よって，導体棒 PQ の両端の電位差を V とすると，

$$V=El=vBl$$

3 (1) **6.0 V** (2) **12 V**

解説 (1) $|V|=\left|-L\dfrac{\varDelta I}{\varDelta t}\right|=\left|-4.0\times\dfrac{1.5}{1.0}\right|=6.0$〔V〕

(2) $|V_2|=\left|-M\dfrac{\varDelta I}{\varDelta t}\right|=\left|-0.60\times\dfrac{0.20}{1.0\times10^{-2}}\right|=12$〔V〕

28 交 流 (p.56〜p.57)

1 ① **→** ② $\boldsymbol{BS\cos\omega t}$ ③ **平行**

解説 ① 磁場の向きは N 極から S 極へ向かう向きである。

② コイルが ωt だけ回転したときの磁束が貫くコイルの面積は $S\cos\omega t$ なので，磁束は $BS\cos\omega t$

③ $BS\cos\omega t=0$ のとき，電圧は最大値となる。これは，例えば，$t=\dfrac{\pi}{2\omega}$ のときに成り立つ。周期を T とすると，$T=\dfrac{2\pi}{\omega}$ より，$\dfrac{\pi}{2\omega}=\dfrac{T}{4}$ なので，磁場の向きと平行になったときである。

2 (1) $\boldsymbol{\dfrac{V_0}{\sqrt{2}}}$ (2) $\boldsymbol{\dfrac{V_0}{\sqrt{2}R}}$ (3) $\boldsymbol{\dfrac{V_0^2}{2R}}$

解説 (1) 電圧の実効値を V_e とすると，$V_e=\dfrac{V_0}{\sqrt{2}}$

(2) 電流の最大値を I_0 とすると，$I_0=\dfrac{V_0}{R}$

電流の実効値を I_e とすると，$I_e=\dfrac{I_0}{\sqrt{2}}=\dfrac{V_0}{\sqrt{2}R}$

(3) 消費電力の平均値を $\overline{P}$ とすると，

$$\overline{P}=V_eI_e=\frac{V_0}{\sqrt{2}}\cdot\frac{V_0}{\sqrt{2}R}=\frac{V_0^2}{2R}$$

3 (1) **$100\sqrt{2}$ V** (2) **100π rad/s** (3) **50 Hz**

解説 (1) $V=V_0\sin\omega t$ より，$100\sqrt{2}$〔V〕

(2) $V=V_0\sin\omega t$ より，100π〔rad/s〕

(3) 周波数を f，周期を T とすると，

$$f=\frac{1}{T}=\frac{\omega}{2\pi}=\frac{100\pi}{2\pi}=50〔\text{Hz}〕$$

4 (1)

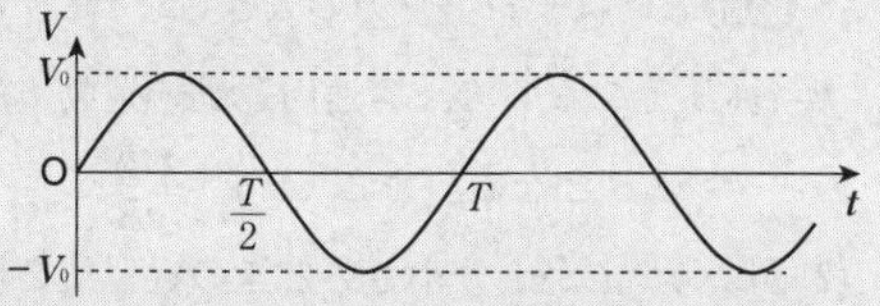

(2) **実効値** (3) **141 V**

解説 (1) 最大値 V_0，周期 T の正弦曲線となる。

(2) 交流電圧計に表示されるのは，瞬時値ではなく実効値である。

(3) 実効値を V_e とすると，$V_e=\dfrac{V_0}{\sqrt{2}}$ より，

$$V_0=\sqrt{2}V_e=100\sqrt{2}=141〔\text{V}〕$$

29 交流回路 (p.58〜p.59)

1 ① $\boldsymbol{\omega LI_0}$ ② $\boldsymbol{ZI_0}$ ③ $\boldsymbol{RI_0}$ ④ $\boldsymbol{\dfrac{I_0}{\omega C}}$

解説 ①〜④ 交流電圧や交流電流は三角関数で表される。よって，角周波数 ω で振動するとして考えることができる。

2 (1) $\boldsymbol{-\dfrac{V_0^2}{2\omega L}\sin 2\omega t}$ (2) **0** (3) $\boldsymbol{\dfrac{\omega CV_0^2}{2}\sin 2\omega t}$ (4) **0**

解説 (1) コイルに流れる電流を I_L とすると，

$$I_L=\frac{V_0}{\omega L}\sin\left(\omega t-\frac{\pi}{2}\right)=-\frac{V_0}{\omega L}\cos\omega t$$

よって，

$$P_L=V_LI_L=V_0\sin\omega t\cdot\left(-\frac{V_0}{\omega L}\cos\omega t\right)$$
$$=-\frac{V_0^2}{2\omega L}\sin 2\omega t$$

(2) (1)より消費電力 P_L は正弦曲線で表され，その平均値は0となる。

(3) コンデンサーに流れる電流を I_C とすると，

$$I_C=\omega CV_0\sin\left(\omega t+\frac{\pi}{2}\right)=\omega CV_0\cos\omega t$$

よって，

$$P_C=V_CI_C=V_0\sin\omega t\cdot\omega CV_0\cos\omega t=\frac{\omega CV_0^2}{2}\sin 2\omega t$$

(4) (3)より消費電力 P_C は正弦曲線で表され，その平均値は0となる。

3 (1) $\boldsymbol{\dfrac{V_0}{R}\sin\omega t}$

(2) $\boldsymbol{\dfrac{V_0}{\omega L}\sin\left(\omega t-\dfrac{\pi}{2}\right)}$ **(または** $\boldsymbol{-\dfrac{V_0}{\omega L}\cos\omega t}$**)**

(3) $\boldsymbol{\omega CV_0\sin\left(\omega t+\dfrac{\pi}{2}\right)}$ **(または** $\boldsymbol{\omega CV_0\cos\omega t}$**)**

(4) $\boldsymbol{\dfrac{1}{\sqrt{\dfrac{1}{R^2}+\left(\omega C-\dfrac{1}{\omega L}\right)^2}}}$

解説 (1) 抵抗を流れる電流の位相は，電源電圧の位相と同じになるので，$I_R=\dfrac{V_0}{R}\sin\omega t$

(2) コイルに流れる電流の位相は，電源電圧の位相より $\dfrac{\pi}{2}$ 遅れるので，

$$I_L=\frac{V_0}{\omega L}\sin\left(\omega t-\frac{\pi}{2}\right)=-\frac{V_0}{\omega L}\cos\omega t$$

(3) コンデンサーに流れる電流の位相は，電源電圧の位相より $\dfrac{\pi}{2}$ 進むので，

$$I_C=\omega CV_0\sin\left(\omega t+\frac{\pi}{2}\right)=\omega CV_0\cos\omega t$$

(4) 並列回路では，同時刻に各素子に加わる交流電圧の瞬時値は等しいので，(1)〜(3)のベクトルの和で考えると，電流の最大値 I_0 は，$I_0=\dfrac{V_0}{Z}$ より，

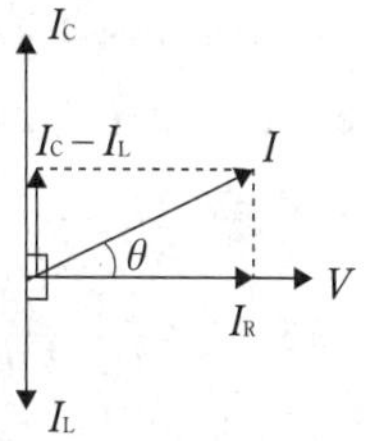

$$\left(\frac{V_0}{Z}\right)^2=\left(\frac{V_0}{R}\right)^2+\left(\omega CV_0-\frac{V_0}{\omega L}\right)^2$$
$$=V_0^2\left\{\frac{1}{R^2}+\left(\omega C-\frac{1}{\omega L}\right)^2\right\}$$

よって，$Z=\dfrac{1}{\sqrt{\dfrac{1}{R^2}+\left(\omega C-\dfrac{1}{\omega L}\right)^2}}$

別解 回路全体を流れる電流 I は，キルヒホッフの第1法則より，

$$I=I_R+I_L+I_C$$
$$=\frac{V_0}{R}\sin\omega t+\frac{V_0}{\omega L}\sin\left(\omega t-\frac{\pi}{2}\right)+\omega CV_0\sin\left(\omega t+\frac{\pi}{2}\right)$$
$$=\frac{V_0}{R}\sin\omega t-\frac{V_0}{\omega L}\cos\omega t+\omega CV_0\cos\omega t$$
$$=V_0\left\{\frac{1}{R}\sin\omega t+\left(\omega C-\frac{1}{\omega L}\right)\cos\omega t\right\}$$

$$=V_0\sqrt{\frac{1}{R^2}+\left(\omega C-\frac{1}{\omega L}\right)^2}\sin(\omega t+\theta)$$

$$=\frac{V_0}{Z}\sin(\omega t+\theta)$$

ただし，$\tan\theta=\dfrac{\omega C-\dfrac{1}{\omega L}}{\dfrac{1}{R}}$

よって，$Z=\dfrac{1}{\sqrt{\dfrac{1}{R^2}+\left(\omega C-\dfrac{1}{\omega L}\right)^2}}$

30 電気振動と電磁波 (p.60〜p.61)

1 ① $\frac{1}{2}CV^2$　② $\frac{1}{2}LI^2$　③ 0　④ 同じ　⑤ 電気振動

解説 ①〜④ 電気振動では，コンデンサーの電場に蓄えられるエネルギーと，コイルの磁場に蓄えられるエネルギーが交互に入れかわりながら振動する。

2 (1) $\dfrac{1}{4\pi^2 f^2 L}$　(2) 最大値

解説 (1) $f=\dfrac{1}{2\pi\sqrt{LC}}$ のとき共振が起こるので，

$$C=\frac{1}{4\pi^2 f^2 L}$$

(2) RLC 直列回路で共振が起こるとき，インピーダンスは最小値となり，電流は最大値となる。

3 (1) 0.50 m　(2) 500 m

解説 (1) $\lambda=\dfrac{c}{f}=\dfrac{3.0\times10^8}{600\times10^6}=0.50$〔m〕

(2) $\lambda=\dfrac{c}{f}=\dfrac{3.0\times10^8}{600\times10^3}=500$〔m〕

4 0.26 s

解説 通信距離による遅延と，衛星での遅延があるので，遅延時間の合計は，

$$\frac{37500\times10^3\ \mathrm{m}\times2}{3.0\times10^8\ \mathrm{m/s}}+1.0\times10^{-2}\ \mathrm{s}=0.26\ \mathrm{s}$$

第5章 原子

31 電子 (p.62〜p.63)

1 ① 上　② eE　③ 下　④ ev_0B　⑤ $\dfrac{E}{B}$

解説 ①・② 電気量が負なので，電場と逆向きに eE の力を受ける。

③・④ フレミングの左手の法則により，下向きに ev_0B の力を受ける。

⑤ $eE=ev_0B$ より，$v_0=\dfrac{E}{B}$

2 (1) $\dfrac{mv_0}{eB}$　(2) $\dfrac{eBl(l+2L)}{2mv_0}$　(3) $\dfrac{2v_0z}{Bl(l+2L)}$

解説 (1) ローレンツ力の大きさを f とすると，$f=ev_0B$ となるので，等速円運動の運動方程式より，$m\dfrac{v_0^2}{r}=ev_0B$ となる。よって，$r=\dfrac{mv_0}{eB}$

(2) 図より，θ が十分小さいときの近似値を用いると，

$$z_1=l\tan\frac{\theta}{2}\fallingdotseq\frac{l\theta}{2},\quad z_2=L\tan\theta\fallingdotseq L\theta,\quad \sin\theta=\frac{l}{r}\fallingdotseq\theta$$

よって，$z=z_1+z_2=\dfrac{l\theta}{2}+L\theta=\left(\dfrac{l}{2}+L\right)\dfrac{l}{r}=\dfrac{eBl(l+2L)}{2mv_0}$

(3) 電子の比電荷は $\dfrac{e}{m}$ で求められるので，(2)より，

$$\frac{e}{m}=\frac{2v_0z}{Bl(l+2L)}$$

3 1.62×10^{-19} C

解説 測定値を小さい順に並べると，〔4.90　8.10　11.3　12.9　14.5〕となり，隣の数値との差は，〔3.2　3.2　1.6　1.6〕となる。それぞれ 1.6 の整数倍となることから，$e\fallingdotseq1.6\times10^{-19}$ C と推定される。測定値を e を用いて表すと，〔$3e$　$5e$　$7e$　$8e$　$9e$〕となるので，測定値の和はそれぞれ，

$$4.90+8.10+11.3+12.9+14.5=51.7$$

$$3e+5e+7e+8e+9e=32e$$

よって，$e=\dfrac{51.7}{32}\times10^{-19}\ \mathrm{C}\fallingdotseq1.62\times10^{-19}$ C

32 光の粒子性 (p.64〜p.65)

1 ① $h\nu$　② $h\nu-W$　③ 大きい

解説 ① 振動数 ν の光の光子 1 個がもつエネルギー $h\nu$ が，電子 1 個にすべてわたされる。

②・③ 運動エネルギーの最大値は $h\nu-W$ となり，$h\nu\geqq W$ のとき光電効果が起こる。

☑注意　光の振動数
波の振動数は f で表すが，光の振動数は ν（ニュー）で表す。

2 (1) 3.3×10^{-19} J　(2) 4.0×10^{20} 個

解説 (1) $c=\nu\lambda$ より，
$$E=h\nu=h\frac{c}{\lambda}=\frac{6.6\times10^{-34}\times3.0\times10^{8}}{6.0\times10^{-7}}$$
$=3.3\times10^{-19}$〔J〕
(2) 132 W＝132 J/s より，1 秒間に放出される光子の数 n は，
$$n=\frac{132\ \text{J/s}}{3.3\times10^{-19}\ \text{J}}=4.0\times10^{20}\text{〔個/s〕}$$

3 (1) 4.8×10^{-19} J　(2) 3.0 eV

解説 (1) $K_0=eV_0=1.6\times10^{-19}\times3.0$
$=4.8\times10^{-19}$〔J〕
(2) (1)より，$4.8\times10^{-19}\ \text{J}=\frac{4.8\times10^{-19}}{1.6\times10^{-19}}\ \text{eV}=3.0$〔eV〕

4 (1) $\dfrac{E_2-E_1}{\nu_2-\nu_1}$　(2) $\dfrac{E_2\nu_1-E_1\nu_2}{\nu_2-\nu_1}$　(3) $\dfrac{E_2\nu_1-E_1\nu_2}{E_2-E_1}$

解説 (1) この金属の仕事関数を W とすると，
$E_1=h\nu_1-W$，$E_2=h\nu_2-W$ なので，
$E_2-E_1=h(\nu_2-\nu_1)$ より，$h=\dfrac{E_2-E_1}{\nu_2-\nu_1}$
(2) $E_1=h\nu_1-W$ の両辺に ν_2 を，$E_2=h\nu_2-W$ の両辺に ν_1 をかけると，
$E_1\nu_2=h\nu_1\nu_2-W\nu_2$，$E_2\nu_1=h\nu_1\nu_2-W\nu_1$ なので，
$E_2\nu_1-E_1\nu_2=W(\nu_2-\nu_1)$ より，$W=\dfrac{E_2\nu_1-E_1\nu_2}{\nu_2-\nu_1}$
(3) $W=h\nu_0$ より，
$$\nu_0=\frac{W}{h}=\frac{\dfrac{E_2\nu_1-E_1\nu_2}{\nu_2-\nu_1}}{\dfrac{E_2-E_1}{\nu_2-\nu_1}}=\frac{E_2\nu_1-E_1\nu_2}{E_2-E_1}$$

33 X 線　(p.66〜p.67)

1 ① $d\sin\theta$　② $2d\sin\theta$　③ $2d\sin\theta=n\lambda$

解説 ① 三角関数を用いると，$d\sin\theta$
② ①の 2 倍が経路差となる。
③ 経路差が波長の整数倍のとき，強め合う。

☑注意　ブラッグの条件
波の反射では反射面の法線となす角を θ としたが，ブラッグの条件では反射面となす角を θ としている。

2 (1) 1.9×10^{-14} J　(2) 1.0×10^{-11} m

解説 (1) $E=eV=1.6\times10^{-19}\times1.2\times10^{5}$
$\fallingdotseq1.9\times10^{-14}$〔J〕
(2) $E=h\nu=h\dfrac{c}{\lambda}$ より，
$$\lambda=\frac{hc}{E}=\frac{6.6\times10^{-34}\times3.0\times10^{8}}{1.92\times10^{-14}}$$
$\fallingdotseq1.0\times10^{-11}$〔m〕

3 (1) $\dfrac{hc}{\lambda}=\dfrac{hc}{\lambda'}+\dfrac{1}{2}mv^2$

(2) x 軸方向：$\dfrac{h}{\lambda}=\dfrac{h}{\lambda'}\cos\theta+mv\cos\phi$

y 軸方向：$0=\dfrac{h}{\lambda'}\sin\theta-mv\sin\phi$

(3) $\lambda+\dfrac{h}{mc}(1-\cos\theta)$

解説 (1) 衝突前の X 線がもつエネルギーと，衝突後の X 線と電子がもつエネルギーの和が等しくなるので，$\dfrac{hc}{\lambda}=\dfrac{hc}{\lambda'}+\dfrac{1}{2}mv^2$
(2) 衝突前の X 線がもつ運動量と，衝突後の X 線と電子がもつ運動量の和が等しくなるので，
x 方向：$\dfrac{h}{\lambda}=\dfrac{h}{\lambda'}\cos\theta+mv\cos\phi$
y 方向：$0=\dfrac{h}{\lambda'}\sin\theta-mv\sin\phi$
(3) (2)を変形すると，
x 方向：$mv\cos\phi=\dfrac{h}{\lambda}-\dfrac{h}{\lambda'}\cos\theta$　……①
y 方向：$mv\sin\phi=\dfrac{h}{\lambda'}\sin\theta$　……②
①，②の両辺を 2 乗して足すと，
$$m^2v^2=\left(\frac{h}{\lambda}\right)^2+\left(\frac{h}{\lambda'}\right)^2-\frac{2h^2\cos\theta}{\lambda\lambda'}\quad\cdots\cdots③$$
また，(1)の両辺に $2m$ をかけて変形すると，
$$m^2v^2=2mhc\left(\frac{1}{\lambda}-\frac{1}{\lambda'}\right)\quad\cdots\cdots④$$
④を③に代入すると，
$$2mhc\left(\frac{1}{\lambda}-\frac{1}{\lambda'}\right)=\left(\frac{h}{\lambda}\right)^2+\left(\frac{h}{\lambda'}\right)^2-\frac{2h^2\cos\theta}{\lambda\lambda'}$$
両辺に $\lambda\lambda'$ をかけると，
$$2mhc(\lambda'-\lambda)=h^2\left(\frac{\lambda'}{\lambda}+\frac{\lambda}{\lambda'}\right)-2h^2\cos\theta$$
$$\fallingdotseq2h^2-2h^2\cos\theta$$
よって，$\lambda'=\lambda+\dfrac{h}{mc}(1-\cos\theta)$

34 粒子の波動性　(p.68〜p.69)

1 ① 波動　② 粒子　③ $\dfrac{h}{\lambda}$　④ $\dfrac{h\nu}{c}$　⑤ $\dfrac{h}{mv}$

解説 ①〜⑤ 波動と粒子の二重性について，理解しておくとよい。

2 (1) 7.3×10^{6} m/s　(2) 1.5×10^{2} V

解説 (1) $v=\dfrac{h}{m\lambda}=\dfrac{6.6\times10^{-34}}{9.1\times10^{-31}\times1.0\times10^{-10}}$

$\fallingdotseq7.3\times10^{6}$〔m/s〕

(2) $\dfrac{1}{2}mv^2=eV$ より，

$V=\dfrac{mv^2}{2e}=\dfrac{9.1\times10^{-31}\times(7.25\times10^{6})^2}{2\times1.6\times10^{-19}}$

$\fallingdotseq1.5\times10^{2}$〔V〕

3 $\mathbf{1.1\times10^{-34}}$ **m**

解説 144 km/h＝40 m/s より，

$\lambda=\dfrac{h}{mv}=\dfrac{6.6\times10^{-34}}{0.15\times40}=1.1\times10^{-34}$〔m〕

4 (1) $\dfrac{h}{\sqrt{2meV}}$ (2) $\dfrac{h}{\sqrt{2me(V+V_0)}}$

解説 (1) 結晶外部での電子の速さを v，波長を λ_1 とすると，$\dfrac{1}{2}mv^2=eV$ より，$\lambda_1=\dfrac{h}{mv}=\dfrac{h}{\sqrt{2meV}}$

(2) 結晶内部での電子の速さを v'，波長を λ_2 とすると，$\dfrac{1}{2}mv'^2=e(V+V_0)$ より，

$\lambda_2=\dfrac{h}{mv'}\ \dfrac{h}{\sqrt{2me(V+V_0)}}$

35 原子の構造とエネルギー準位 (p.70〜p.71)

1 ① $m\dfrac{v^2}{r}$ ② $k\dfrac{e^2}{r^2}$ ③ $n\dfrac{h}{mv}$ ④ $n\dfrac{h}{2\pi rm}$
⑤ $n^2\dfrac{h^2}{4\pi^2kme^2}$

解説 ① $F=ma=m\dfrac{v^2}{r}$

② 2つの電荷間にはたらく静電気力の大きさを F とすると，$F=k\dfrac{e^2}{r^2}$

> **参考 エネルギー準位**
> 量子数が1のときエネルギー準位は最も低くなり，この状態を**基底状態**という。また，量子数が2以上の状態を，**励起状態**という。

2 (1) $\mathbf{3.646\times10^{-7}}$ **m** (2) $\mathbf{1.097\times10^{7}}$ **/m**

解説 (1) $n=3$ のとき，波長は最も長くなるので，

$6.563\times10^{-7}=\lambda_0\dfrac{3^2}{3^2-2^2}=\dfrac{9}{5}\lambda_0$

よって，$\lambda_0\fallingdotseq3.646\times10^{-7}$〔m〕

(2) バルマー系列を変形すると，

$\dfrac{1}{\lambda}=\dfrac{2^2}{\lambda_0}\left(\dfrac{1}{2^2}-\dfrac{1}{n^2}\right)$ $(n=3,\ 4,\ 5,\ \cdots)$

また，リュードベリ定数 R を用いると，

$\dfrac{1}{\lambda}=R\left(\dfrac{1}{n'^2}-\dfrac{1}{n^2}\right)$ $\left(\begin{array}{l}n'=1,\ 2,\ 3,\ \cdots\\ n=n'+1,\ n'+2,\ n'+3,\ \cdots\end{array}\right)$

これらを比較すると，$n'=2$ のときバルマー系列となることがわかり，

$R=\dfrac{2^2}{\lambda_0}=\dfrac{4}{3.6461\times10^{-7}}\fallingdotseq1.097\times10^{7}$〔/m〕

3 **(解説参照)**

解説 電子の円軌道の半径を r，電子の速さを v とする。電子は，電子と原子核の間にはたらく静電気力が向心力となり等速円運動をしていると考えられるので，その運動方程式は，$m\dfrac{v^2}{r}=k\dfrac{e^2}{r^2}$ より，

$mv^2=\dfrac{ke^2}{r}$ ……①

また，$r=\dfrac{ke^2}{mv^2}$ ……②

無限遠方を基準にとると，電子の位置エネルギー U は，$U=-k\dfrac{e^2}{r}$ となり，電子の運動エネルギー K は

①より，$K=\dfrac{1}{2}mv^2=k\dfrac{e^2}{2r}$

よって，電子のもつ全エネルギー E_n は，

$E_n=K+U=k\dfrac{e^2}{2r}-k\dfrac{e^2}{r}=-\dfrac{ke^2}{2r}$ ……③

また，量子条件より，$2\pi r=n\dfrac{h}{mv}$ なので，

$v=\dfrac{nh}{2\pi rm}$ ……④

②に④を代入して，

$r=\dfrac{ke^2}{mv^2}=\dfrac{ke^2}{m}\cdot\left(\dfrac{1}{\dfrac{nh}{2\pi rm}}\right)^2=\dfrac{4\pi^2kme^2r^2}{n^2h^2}$

よって，$r=\dfrac{n^2h^2}{4\pi^2kme^2}$ ……⑤

③に⑤を代入して，

$E_n=-\dfrac{ke^2}{2r}=-\dfrac{ke^2}{2}\cdot\left(\dfrac{1}{\dfrac{n^2h^2}{4\pi^2kme^2}}\right)=-\dfrac{2\pi^2k^2me^4}{n^2h^2}$

$=-\dfrac{2\times3.14^2\times(8.987\times10^{9})^2\times9.109\times10^{-31}\times(1.602\times10^{-19})^4}{n^2(6.626\times10^{-34})^2}$

$\fallingdotseq-\dfrac{2.176\times10^{-18}}{n^2}$〔J〕

$=-\dfrac{2.176\times10^{-18}}{n^2\cdot1.602\times10^{-19}}$〔eV〕

$\fallingdotseq-\dfrac{13.6}{n^2}$〔eV〕

36 原子核 (p.72〜p.73)

1 ① **電子** ② **陽子** ③ **中性子** ④ **原子核**
⑤ **質量数** ⑥ **原子番号**

解説 ① 原子の中心部から離れた円軌道上にある，負の電気量をもつ粒子が電子である。

② 原子の中心部にある，正の電気量をもつ粒子が

陽子である。

③ 原子の中心部にある，電気的に中性な粒子が中性子である。

④ 陽子と中性子を合わせて原子核という。

⑤ 元素記号の左上の数字は質量数を表す。

⑥ 元素記号の左下の数字は原子番号を表す。

2 **(1) $^1_1$H：1，$^2_1$H：1　(2) $^1_1$H：0，$^2_1$H：1　(3) $^1_1$H：1，$^2_1$H：1**

解説 (1) 陽子の数は原子番号と同じなので，元素記号の左下の数字で表される。

(2) 中性子の数＝質量数－原子番号で求められる。

(3) 電子の数は陽子の数と同じになる。

3 **1.67×10^{-27} kg**

解説　$1.008\times1.66\times10^{-27}\fallingdotseq1.67\times10^{-27}$〔kg〕

4 **5.5×10^{-4} u**

解説　$\dfrac{9.1\times10^{-31}}{1.66\times10^{-27}}\fallingdotseq5.5\times10^{-4}$〔u〕

5 **12.01**

解説　$12\times0.9884+13.0034\times0.0116\fallingdotseq12.01$

6 **$^{14}_7$N：99.64%　$^{15}_7$N：0.36%**

解説　$^{15}_7$N の存在比を x とすると，$^{14}_7$N の存在比は $1-x$ となるので，

$$14.0067=14.0031\times(1-x)+15.0001x$$

$$x=\frac{14.0067-14.0031}{15.0001-14.0031}\fallingdotseq0.0036$$

また，$1-x=1-0.0036=0.9964$

よって，$0.0036\times100=0.36\%$，$0.9964\times100=99.64\%$

37 放射線とその性質　(p.74～p.75)

1 **① α線　② γ線　③ β線　④ α線　⑤ β線　⑥ γ線**

解説　①～③ α線は正の電気量，β線は負の電気量をもつので，磁場中ではフレミングの左手の法則にしたがう向きに力を受けて曲がる。γ線は電気的に中性なので，磁場からの力は受けない。

④～⑥ 放射線の透過力は，α線＜β線＜γ線である。

2 **α崩壊：8回，β崩壊：6回**

解説　α崩壊を x 回，β崩壊を y 回行うとすると，

質量数：$238-4x=206$　……①

原子番号：$92-2x+y=82$　……②

①より $x=8$，これを②に代入して，$y=6$ となる。

よって，α崩壊を8回，β崩壊を6回行うことになる。

3 **2.85×10^3 年前**

解説　枯れていない木の中に含まれる $^{14}_6$C の数を N_0 とし，木が枯れたのを t 年前とすると，

$\dfrac{N}{N_0}=\left(\dfrac{1}{2}\right)^{\frac{t}{T}}$ より，$0.707=\left(\dfrac{1}{2}\right)^{\frac{t}{5.70\times10^3}}$

また，$0.707=\dfrac{1}{\sqrt{2}}$ より，$0.707=\left(\dfrac{1}{2}\right)^{\frac{1}{2}}=\left(\dfrac{1}{2}\right)^{\frac{t}{5.70\times10^3}}$ となるので，$\dfrac{1}{2}=\dfrac{t}{5.70\times10^3}$

よって，$t=\dfrac{1}{2}\times5.70\times10^3\fallingdotseq2.85\times10^3$〔年〕

4 **42倍**

解説　地球誕生直後は $^{238}_{92}$U と $^{235}_{92}$U が同数存在したとしているので，これを N_0 とする。

$^{238}_{92}$U の半減期は45億年なので，

$$N_{238}=N_0\times\left(\frac{1}{2}\right)^{\frac{45}{45}}=\frac{1}{2}N_0$$

$^{235}_{92}$U の半減期は7億年なので，

$$N_{235}=N_0\times\left(\frac{1}{2}\right)^{\frac{45}{7}}\fallingdotseq N_0\times\left(\frac{1}{2}\right)^{6.4}=\frac{1}{2^{6.4}}N_0=\frac{1}{84}N_0$$

よって，$\dfrac{N_{238}}{N_{235}}=\dfrac{\frac{1}{2}N_0}{\frac{1}{84}N_0}=42$〔倍〕

38 核反応と核エネルギー　(p.76～p.77)

1 **① m_1c^2　② $(m_2+m_3)c^2$　③ $(m_1-m_2-m_3)c^2$**

解説　① 質量とエネルギーの等価性より，

$E=m_1c^2$

② それぞれの結合エネルギーの和は，$(m_2+m_3)c^2$

③ 核反応前後での質量差に応じたエネルギーが放出されるので，$(m_1-m_2-m_3)c^2$

2 **(1) 4.000×10^{-30} kg　(2) 3.60×10^{-13} J**

解説　(1) 質量欠損を Δm とすると，

$$\Delta m=(1.673+1.675-3.344)\times10^{-27}=4.000\times10^{-30}\text{〔kg〕}$$

(2) 結合エネルギーを E とすると，

$$\Delta mc^2=4.000\times10^{-30}\times(3.00\times10^8)^2=3.60\times10^{-13}\text{〔J〕}$$

3 **（解説参照）**

解説　核反応式は，$^7_3$Li＋$^1_1$H ⟶ 2$^4_2$He

反応前後の質量差 Δm は，

$$\Delta m=(11.6478+1.6726-6.6448\times2)\times10^{-27}=3.08\times10^{-29}\text{〔kg〕}$$

反応前後の質量差によるエネルギー E は，

$$E=\Delta m\times c^2=3.08\times10^{-29}\times(3.00\times10^8)^2\fallingdotseq2.77\times10^{-12}\text{〔J〕}$$

よって，

$$\frac{E}{1.60\times10^{-19}}=\frac{2.77\times10^{-12}}{1.60\times10^{-19}}\fallingdotseq17.3\,〔\mathrm{MeV}〕\quad\cdots\cdots①$$

また，運動エネルギーの変化量は，

$$17.9\,\mathrm{MeV}-0.6\,\mathrm{MeV}=17.3\,\mathrm{MeV}\quad\cdots\cdots②$$

①，②が等しいので，質量とエネルギーの等価性が成り立つ。

39 素粒子 (p.78〜p.79)

1 ①3　②2　③1　④1　⑤2

解説　① 陽子や中性子などのバリオンは3個のクォークで構成される。

②・③ 陽子の電気量は$+e$より，uの数をx，dの数をyとおくと，$x+y=3$，$\frac{2e}{3}x-\frac{e}{3}y=e$となるので，$x=2$，$y=1$

④・⑤ 中性子の電気量は0より，uの数をx，dの数をyとおくと，$x+y=3$，$\frac{2e}{3}x-\frac{e}{3}y=0$となるので，$x=1$，$y=2$

2 $\mathrm{n}\longrightarrow\mathrm{p}+\mathrm{e}^-+\overline{\nu_\mathrm{e}}$

解説　β崩壊すると中性子nが陽子pに変化し，電子e^-と反電子ニュートリノ$\overline{\nu_\mathrm{e}}$が放出される。

3 (1) **uと$\overline{\mathrm{d}}$**　(2) **dと$\overline{\mathrm{u}}$**　(3) **uと$\overline{\mathrm{u}}$，dと$\overline{\mathrm{d}}$**

解説　uの電気量は$\frac{2}{3}e$，dの電気量は$-\frac{1}{3}e$である。また，$\overline{\mathrm{u}}$の電気量は$-\frac{2}{3}e$，$\overline{\mathrm{d}}$の電気量は$\frac{1}{3}e$である。

(1) $\mathrm{u}+\overline{\mathrm{d}}=\frac{2}{3}e+\frac{1}{3}e=e$より，uと$\overline{\mathrm{d}}$の組み合わせで$\pi^+$となる。

(2) $\mathrm{d}+\overline{\mathrm{u}}=-\frac{1}{3}e-\frac{2}{3}e=-e$より，dと$\overline{\mathrm{u}}$の組み合わせで$\pi^-$となる。

(3) $\mathrm{u}+\overline{\mathrm{u}}=\frac{2}{3}e-\frac{2}{3}e=0$，$\mathrm{d}+\overline{\mathrm{d}}=-\frac{1}{3}e+\frac{1}{3}e=0$より，uと$\overline{\mathrm{u}}$，dと$\overline{\mathrm{d}}$の組み合わせで$\pi^0$となる。

4 $2.43\times10^{-12}\,\mathrm{m}$

解説　電子と陽電子のもつエネルギーの和は，

$2mc^2$

2つのγ線光子がもつエネルギーの和は，γ線光子の波長をλとすると，$\frac{2hc}{\lambda}$

よって，$2mc^2=\frac{2hc}{\lambda}$より，

$$\lambda=\frac{h}{mc}=\frac{6.63\times10^{-34}}{9.11\times10^{-31}\times3.00\times10^8}\fallingdotseq2.43\times10^{-12}〔\mathrm{m}〕$$